室内环境设计与创意设计研究

樊丹丹 / 著

U0340741

吉林出版集团股份有限公司 | 全国百佳图书出版单位

图书在版编目（CIP）数据

室内环境设计与创意设计研究 / 樊丹丹著. —— 长春: 吉林出版集团股份有限公司, 2023.5

ISBN 978-7-5731-3442-4

Ⅰ.①室… Ⅱ.①樊… Ⅲ.①室内装饰设计—研究
Ⅳ.①TU238.2

中国国家版本馆CIP数据核字(2023)第123862号

室内环境设计与创意设计研究

SHINEI HUANJING SHEJI YU CHUANGYI SHEJI YANJIU

著　　者	樊丹丹
出 版 人	吴　强
责任编辑	孙　璐　王　博
开　　本	710 mm × 1000 mm　1/16
印　　张	8.5
字　　数	120千字
版　　次	2023年5月第1版
印　　次	2023年9月第1次印刷
出　　版	吉林出版集团股份有限公司
发　　行	吉林音像出版社有限责任公司
	（吉林省长春市南关区福祉大路5788号）
电　　话	0431-81629679
印　　刷	吉林省信诚印刷有限公司

ISBN 978-7-5731-3442-4　　定　　价　58.00元

前　言

　　随着中国经济的高速发展和人们生活水平的日益提高,室内环境设计的概念已不仅仅是满足于一般的功能需求和装饰设计,它已成为连接精神文明与物质文明的桥梁,人类寄希望于通过室内设计来改造建筑内部空间、改善内部环境,以提高人类生存的生活质量。正如加拿大著名的建筑师阿瑟•埃利克森所说的:"环境意识就是一种现代意识。"

　　由于人们生活和工作的大部分时间是在建筑内部空间度过的,所以室内环境设计与人们的日常生活关系最为密切,在整个社会生活中扮演着十分重要的角色。室内环境设计水平也直接反映出一个国家的经济发达程度和人民的审美标准。同时,创意设计与室内环境设计一样重要,没有创意,那么设计也是无价值的设计。创意设计是从理论探索中认识创意,具有原创性、创造性、独创性特点,体现了独特的艺术性、设计构思的唯一性和创新性。任何行业都离不开创意设计,没有创新、创意就必然会被市场所淘汰。

　　创意设计是改变人类生活方式,营造人与物、人与环境的和谐关系的一门专业。在思想上,该专业所涉及的内容体现出人们对事物的感悟和延伸;在视觉上,好的创意产品将科学、艺术和文化有机地结合为一体。近年来,国内的设计水平不断在进步,设计的专业体系与市场体系也逐步完善,从市场需求、设计潮流、装饰风格的流行变化也可以看出人们对环境与生活品质方面有更高的要求。如今,创意设计体系正逐步规范化、统一化,这也让更多的创意设计作品呈现在人们的面前中。

在未来的室内设计市场，没有创意、没有思想、没有品位的设计是不会有一席之地的，无"原创"设计理念及互相抄袭等"拿来主义"的年代已经过去。设计师需要经常地梳理头绪，把设计的思维整理并总结，把要表达的目的、要表达的内容与创意设计思维联系起来。只有思考，身心才能得到沉淀与提炼；只有思考，才能提高创意设计思维能力，提高服务意识、品牌意识；只有思考，才能用实际行动去改变行业内外存在的错误观念，提高室内设计师的职业水平；只有思考，才能理解设计自身存在的价值，并体现室内设计的实际应用价值。所以，将室内环境设计与创意设计相结合是非常重要的。

目　录

第一章 室内环境设计

第一节 室内环境设计概论

一、室内环境设计

(一)设计的定义

室内环境设计是人文环境设计的重要组成部分,是指建筑内部空间的理性创造方法,是一种以科学为构造基础、以艺术为形式表现,为塑造一个精神与物质并重的室内生活环境而进行的理性创造活动。室内环境设计是一门具有极强整合性的综合学科。现代室内环境设计涉及建筑学、社会学、民俗学、心理学、人体工程学、结构工程学、建筑物理学以及材料学等学科领域,它要求运用多学科的知识,综合地进行多层次的空间环境设计。

对于设计这个词来说,很多学者自己在意识中都很明白,但是用一句话来说的时候却是说不明白。设计到底是什么,我们到底该怎么样定义设计的概念成了一件很不容易的事。

设计分为很多种类,诸如产品设计、建筑设计、广告设计、服装设计,等等。针对各个门类五花八门的设计,使得设计师们对于自己设计出的质量要求也是不一样的。比如说产品设计就是要求设计师设计出符合当下大众消费者需求的产品,刺激消费、增加制造商利益;对于建筑设计来说,就是要求建筑设计师设计出坚固、造型独特的楼盘供居民购买、居住;同样服装设计也是一样的道理,需要设计师有独特的设计思维,这样才能设计出与众不同的设计产品,吸引消费者,促成交易,满足消费者的需求。但是在随后的发展中,人们才逐渐意识到不能仅是单纯地这样进行美化,更不是单单为了消费。有时候是不是该停下来思索一下,到底我们的设计是艺术还是工程。

设计的目的就是服务于人们的日常生活,否则设计师总是处于虚幻的生活中,这是不符合人类发展规律的,所有的构思都是取之于生活并用于生活。设计最首要的任务就是要满足人们的基本需求,否则就算是设计出再美妙的物件也不能被人们接受并使用,在一段时间发展以后就会被人们所抛弃。通过简单的细小的分析我们就可以总结出一个结论,那就是设计其实是两个门类的一个结合——艺术和科学。其原因在于设计属于美学,是艺术学科,但设计的过程中我们需要用到实际的科学知识加以结合使用,故设计是艺术与科学的综合。同时,设计需要设计师灵活的思维方式与源源不断的活跃的思想,所以设计也属于意识的范畴,是人的思想的一种体现。众所周知,我们人类的意识与自然界的物质是分不开的。设计师一定是一个有丰富内涵的学者,而且这个学者一定是处在他的时代,才能设计出符合这个时代的、满足当下时代的人们的需求的产品。"抓住一个想法,戏弄之,直至最后成为一个诗意的境界。"这句话出自莱特,通俗地讲,就是偶然的一个想法经过仔细的斟酌之后,赋予它设计师的思维,最后形成一个具有意境的设计成果。能达到这样的境界,如果没有系统的学习是绝对不行的。

设计的最终结果是为消费者、使用者服务的,所以从某种程度上来说,设计这个行业是具有一定的服务性与功利性的,并不是单纯的艺术学科,同时设计中所体现的美也不是我们所熟知的美学上的美。由于设计师针对特定的物体或者说是针对某一件普通的未成形的物件,结合设计师独特的思维之后而形成的可以满足大众需求的产品,而这个产品的出现也一定是符合当下人生理与心理的某种需求的。

其实我们所看到的都是设计表面的现象,想要真正地认识、了解、认清设计的本质,我们还需要足足地费上点功夫去挖掘设计真正的内涵。

设计这个词的概念最早出现的国家是英国,在一定的环境下发展之后相继出现在拉美及欧洲的一些国家,到中国时已经出现了很多种说法,比如说"Design""Designare""Dessin"。但是中国人的习惯是将这些外来的语言翻译成英式的汉语,所以国内就出现了诸如"素描""计划"等一系列的词,也就是这个原因使得设计真正的含义被掩盖,很少有人了解设计的真正含义。

21世纪60年代以来,现代科学技术管理体系飞速发展。生产者趋向于体力劳动和脑力劳动的紧密结合,从体力智能型转向文化科技型。生产工具趋向于程控操纵,从普通人控制型转化为文化智能型。生产分工趋向于流程和技术专门化,从职能分化型转化为工艺专业型。生产协作趋向于企业内向外辐射开放和系列化,以内向封闭型转化为内外循环型。生产联合趋向于多样集合的国际化,以单一生产型转化为服务经营型,等等。在当代企业、市场发生全面转化的深刻质变情况下,社会化大生产综合着人类的、经济的、社会的、技术的、艺术的、生理的种种因素,在如何合理地进行规划、构想、创造符合新的社会需要的批量的工业化产品,以达到人——机器——环境系统和谐、宜人、经济、高效、安全的人类生活和生存环境的今天,再把设计简单地理解为筹划,单纯地归结为方案,就是较为单一的思维。

一般情况下,设计不是单独出现的,总是和一些相关的名词绑定在一起并组合成一个更为全面的构思。下面以设计和计划的结合为例,分析它结合的原因。首先,最根本的就是忽视了设计实践的认识和改造世界的客观性,仅仅单方面地重视了设计的主观性,设计师人类的特殊主观性的表现,改造世界的文化总体存在方式的根本规定性;其次,计划是有目的的行动,比如,我们日常生活中的某个计划,在确定要做某件事之前,我们一定是在脑海中已经构思好了框架,然后填入具体的做法,确定可以实行的时候付诸行动进行实践。所以对于这件事,我们是提前计划好的,放在设计中就是设计师在设计某种产品时对于目标的选择一定是在设计之前就有了一定的构思;然后,设计的结果是设计师思维的体现,在设计的产品中充分体现出了设计师的主观性与能动性,并且是在一定的规律之下完成的设计,所以不能太过强调设计预期的目的,通俗地讲,设计师不是单纯地为了设计而设计,而是要充分考虑设计的目的性与能动性,切记设计师贯穿于我们的现实活动中的活动,是与人类的生活活动密切相关的;最后,就是不能太注重设计的观念形态,简单地讲,人类与现实世界是存在沟通的。

从历代杰出设计大师们的事迹和大量的实践中,我们不难总结出设计具有的几个本质性特征,如下:第一,创造性。设计属于人类的主观意识范畴,但这种潜在的意识一定是符合人类的发展规律的,不是凭空捏造,更不是肆意地想象。设计过程中,对于先前的经验要秉着"去其糟粕,取其精华"的心态选择性地吸收,遵循客观规律。在这里,"统一"的思想尤为重要,它包含着物质前提与主体活动、认识自然和改造自然、合乎规律和合乎目的、物质变换和历史创造等过程的统一。第二,过程性。设计作为人的行为活动的预期目的性,不仅决定了人们的活动过程及其方式和方法,而且通过活动过程最后转化为活动结果,活动的结果就是得以实现的设计。第三,目的性。人与动物的最大区别在于人的主观能动性,而设计也永远只可能是针对人而言的,动物是不会有设计的,正如一句话所说"蜘蛛的活动与织工的活动相似,蜜蜂建筑蜂房的本领使人间的许多建筑师感到惭愧⋯⋯劳动过程结束时得到的结果,⋯⋯同时还在自然物中实现自己的目的。"这段话是出自马克思的一本手稿,名叫《经济学哲学手稿》,在这段话中明确地指出人类与蜜蜂虽然做的工作是类似的,都是在构建自己所想,蜜蜂建筑蜂房的本领甚至使许多人类设计师感到惭愧,但是人类设计师在设计之前在脑海中已经形成了自己的思维,而蜜蜂则没有。

(二)室内设计的定义

现代室内设计,更确切地说应该是室内环境设计。以下是几位设计大师对室内设计基本含义的概括,其中各有侧重点,但不失设计的本质。

建筑师普拉特纳认为:"室内设计比设计包容这些内部空间的建筑物要困难得多。"一般来看,包容这些内部空间的建筑物会由人们自己主动去选择,而室内设计师在设计之前,必须要全面了解人的内心所想,到底什么样的设计是人们更乐于接受的,怎么样才能满足人的心理需求,说到底设计师必须更多地同人打交道,为的就是要尽可能地使人们的心理需求得到满足,也是因为这点才对设计师的专业能力要求的程度高。

美国前室内设计师协会主席亚当认为:"室内设计涉及的工作要比单纯的装饰广泛得多,他们关心的范围已扩展到生活的每一方面,例如,住宅、办公、旅馆、餐厅的设计,提高劳动生产率,无障碍设计,编制防火规范和节能指标,提高医院、图书馆、学校和其他公共设施的使用效率。总之,给予各种处在室内环境中的人以舒适和安全的感觉。"

俄罗斯建筑师E。巴诺玛列娃认为:"室内设计是设计具有视觉限定的人工环境,以满足生理和精神上的需求,保障生活、生产活动的需要,室内设计也是功能、空间形体、工程技术和艺术的相互依存和紧密结合。"

清华大学环境艺术系对室内设计的定义:在建筑构件限定的内部空间中,以满足人的物质与精神需求为目的而进行的环境设计称之为室内设计。

(三)室内环境设计的含义

1.何谓环境。通常情况下,环境有两方面的意义:一方面指的是周围的区域;另一方面指的是周边的事物。在自然界中,都是以生物状态存在的,这其中包括人在内,我们所说的周边的事物指的就是人(生物)的周边。周边的环境我们统称为外部世界,而外部世界也不是单一的一种。一般情况下,外部世界有自然环境和社会环境两种类型,在人类的生存空间内两者是不分彼此,同时存在的。

环境的划分标准、划分依据不同,所划分出的环境的性质是不同的,如表1-1所示,根据不同的标准划分的环境的不同分类。

表1-1 环境划分种类

划分标准	划分种类				
物理性质	自然环境			人为环境	
心理学层面	物理性、地理性环境			心理性、行为性环境	
生物学	光、水、温度、气压等的生物环境			无生物环境	
广义划分	人文环境	乡土民俗环境	社会环境	城市环境	乡村田园环境

环境设计包含的内容很多,其中室内设计就在环境设计的范围之内,初次之外还包括像建筑设计、景观设计、生态保护、植物绿化等一系列的内容。[①]

2.何谓室内环境设计。室内环境设计即为满足人们生产、生活的要求而有意识地营造理想化、舒适化的内部空间。同时,室内设计是建筑设计的有机组成部分,是建筑设计的深化再创造。

室内环境设计以它的空间性为其主要特征。它不同于建筑和一般的造型设计,以实体构成为主要目的。如果说建筑是内凹的逆向设计,那么室内设计就是外凸的顺向设计。

室内环境设计这门学科是一门综合的设计学科,所涉及的学科范围极广,它与建筑学、人体工程学、环境心理学、设计美学、史学、民俗学等学科关系极为密切,尤其与建筑学更是密不可分,在某种意义上说,建筑是整个室内环境设计的承载体,室内空间环境设计活动的发生都离不开建筑物本身。但是,室内环境设计肩负的工作是在建筑设计完成原形空间的基础上进行的设计再创造。目的是把这种原形内部空间通过功能性与审美需求的设计创造,以获得更高质量的人性化空间。这种个性设计的理想实质空间是按照具体空间再次进行的设计,创造出的空间将会更接近使用者真正的需求,是一种更富于人情味和艺术化的空间境界,是完全不同于原形空间的。室内环境设计包括如下的内容。

1)营造室内环境的空间营造:这里主要是指如何满足人们的精神功能需

①陈娇.绿色环保设计在建筑室内装饰设计中的分析[J].建筑与装饰,2022(5):3.

求。其目的是使人在室内工作、生活、休息时感到心情愉快、舒畅。而欲达到此目的就要注意空间的序列构成、大小构成、高低构成以及明度构成，同时还要注意空间的造型处理和色彩处理。总之，室内设计中的陈设、绿化、灯具和装饰艺术等都为这个目的服务。

2）组织合理的室内使用功能：所谓组织合理的室内使用功能就是根据人们对建筑使用功能的要求尽可能使布局合理，室内动静空间流线通畅，结构层次分明。

3）构架舒适的室内空间环境：空间环境的处理从生理上应适应人的各种要求，使之在其中生活、工作和休息时感到满意。涉及适当的温度、良好的通风、怡人的色彩、适度的采光，等等。

（四）室内环境设计的发展

从有人类记载开始，人类就为了生存（最早主要是衣、食）在四处奔走，古语有云："上古皆穴居，有圣人教之巢居，号'大巢氏'，今南方巢居，北方穴处，古之遗俗也。"这句话就是在描述早期的人类居住方式。在最原始的时候，人还没有集体的意识，个人都是为了自己生存自发地去发现能够居住的环境，都是些分散的个人活动，在实践中人们逐步通过"观鱼翼而创橹，师蜘蛛而作网，见窾木浮而知为舟，见飞蓬转而知为车"。这些原本存在的自然现象，在人类经过长时间发展、总结经验以后被称为后世的室内环境，这些对于建筑、装饰设计师的发展以及现代的室内环境设计的形成起了极为重要的作用。

纵观室内环境设计发展的全过程，我们可以清楚地意识到，第一次工业革命尤为重要，它开启了现代室内环境设计发展的新纪元。在此之后，钢铁、玻璃、混凝土等新材料的科学技术迅速发展，相关的建筑构造技术不断进步，使得室内环境设计的内容日趋丰富多彩，为人类营造了温馨、舒适的室内居住空间。

随着现代建筑事业的迅猛发展，室内环境设计的实践机会越来越多，现代室内空间艺术的创作理论也日趋发展并且完善起来。20世纪20年代，涌现出了一批勇于探索的室内环境设计师，他们充分发挥自己的艺术天赋，开创了现代室内环境设计的先河，德国的密斯·凡·德·罗就是其中极具有代表性的一位。他不仅一改以往矫揉造作的室内环境设计风尚，而且使得建筑物的室内环境设计与建筑设计完美统一，使之风格一致。巴塞罗那博览会的德国馆内部就是密斯·凡·德·罗的典型代表作品。

在我国,室内环境设计学科真正开始于20世纪五六十年代,早期的室内环境设计主要依赖于建筑设计。20世纪80年代中期,随着改革开放的步伐,我国经济蓬勃发展,旅游建筑、商业建筑、居住建筑大量涌现,室内环境设计因此而大范围兴起并迅速发展起来。不仅室内环境设计行业蓬勃发展,而且众多理工科院校和艺术院校相继设立了室内环境设计的相关专业。

为加强室内装饰行业的规范化管理,1995年起,原建设部陆续颁发了《住宅室内装饰装修管理办法》《建筑装饰装修管理规定》《建筑装饰设计资质分级标准》等一系列法规。在"2004年全国建设工作会议"上,原建设部对住宅装饰与装修提出了住宅建设与设计产业化发展的一系列要求,如健全住宅产业系统中的产品开发、设计、施工、生产以及管理和服务等各个环节;积极推广先进适用的成套技术,提高工业化水平;大力推行住宅一次性整体装修等。这一系列举措促进了我国室内环境设计的健康发展。

进入21世纪,我国建筑装饰行业发展尤为迅猛,不仅每年工程产值增长迅速、从业人员猛增,而且设计水平日益提高,重点建筑工程项目的室内环境设计,也由早期基本上由国外或我国香港地区的设计师主持,发展到绝大部分项目可由我国室内环境设计师自己独立完成,或与境外设计师合作设计。经过长时间的发展,中国的科技、社会经济也是以飞快的速度发展,经济的发展必然带动社会的前进,这必定会使得我国的室内环境设计和建筑装饰事业必将在广度和深度两方面得到进一步的发展。

随着时代的发展,现代室内环境设计的方法发展的种类越来越多,并呈现出了一些新的特色。比如,就实用性来说,之前的设计在科学技术的运用上没有那么普遍,所用的材料也没有现在的材料环保与清洁,在科学技术发展的今天,人们某些方面的需求只能通过高科技含量的技术才能得以满足;另外,生活在当下的人们都追求个性与时尚的因素,因此独特的设计也是一方面。科学技术的发展和新材料的不断涌现,以及人们需求与审美的变化,都促使室内环境设计不断向新的方向发展。21世纪,室内环境设计学科呈现出以下发展趋势。

第一,一般来说,室内环境设计是一个比较独立的学科,在逐渐的发展中才慢慢与其他的学科结合并得以进一步发展,并且其趋势也越来越明显,现代室内环境设计除了仍以建筑设计作为学科发展的基础外,工艺美术、工业设计和景观设计的一些观念、思考和工作方法也日益在室内环境设计中显示其

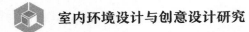

作用。①

第二，室内环境层次多样，风格各异，其发展趋势如雨后春笋般势不可挡，现代室内环境风格有的清新高雅，有的充满田野风情，也有古朴自然的简易风格，除此之外还有怀旧风格、富有时代风格特色的设计，等等。虽然风格各不相同，但是设计师在设计时已经充分考虑到了实用性，时代的发展使人们越来越重视空间设计中的文化内涵，更注重设计的创新精神。

第三，大众的参与。在室内环境设计进一步专业化与规范化的同时，业主及大众对室内环境设计的积极参与趋势有所加强，这是由于室内空间环境的创造总是离不开生活、生产活动中的使用者的切身需求。设计者倾听使用者的想法和要求，有利于使设计构思达到沟通与共识的要求，使设计的使用功能更为完善，有利于贴近生活、贴近大众的需求，更好地为大众服务。

第四，设计、施工、材料、设施、设备之间的协调和配套关系加强。上述各部分自身的规范化进程进一步完善，例如，住宅产业化中一次完成的全装修工艺，相应地要求模数化、工厂生产、现场安装以及流水作业等一系列的配套关系要紧密衔接。

第五，室内环境更新周期加快。现代科学技术的飞速发展使得社会生活节奏不断加快，生活质量不断提高，人们对其生活与工作环境、娱乐活动场所等提出了更高层次的要求，尤其在室内环境的更新上，更新周期相应缩短，节奏趋快。因此，在设计、材料、设施、设备、施工技术、与工艺方面的协调和配套关系上要进一步加强。同时要认真考虑因时间因素引起的对平面布局、界面构造与装饰等相应的一系列问题，如在设施、选用材料时，时间应适当超前，对设备的预留位置、装饰材料置换与更新等要求将会日益突出。

第六，自然、绿色、环保。人类对于自然界的取用度随着科技的发展越来越大，大家所崇尚的大自然的资源"取之不尽，用之不竭"的理念简直就是荒谬之谈。自进入21世纪以来，人们就开始深刻地进行自我反思，在创造物质世界时是不是健康、自然地发展，长期发展带来的到底是利益大还是给地球环境和人类健康造成的危害大。自然、绿色、环境意识开始出现，并逐渐成为人们的共同意识。人们在自然界中索取的素材、使用的景物在通常情况下会成为室内环境设计中所使用的素材，用素材的影响唤起人们对自然的爱护，使人与自然环境友好共存。国家在早些年就提出可持续发展道路，设计从可持续发展的要求

①李田．关于环境艺术设计专业发展与教学的探讨[J]．南昌高专学报，2005，20（2）：3.

出发,室内环境设计将更为重视节约资源(人力、能源、材料等)。除了我们所说的节约设计中使用的资源外,我们最容易忽略的一个需要节约的资源就是室内空间资源,也就是我们设计规划所使用的土地空间。同时,我们在进行装饰空间的过程中一定要注意环境污染问题,要充分考虑并运用"绿色装饰材料"。只有当我们的设计中体现出自然的因素,我们的设计才真正算是自然绿色的设计。

21世纪是一个经济、信息、科技、文化都快速发展的社会时期,现有的社会条件已经满足不了人民群众对物质生活和精神生活的需求。相应地,人民群众对自身的生活空间环境质量也提出更高的要求,怎样能满足人民群众的需求,创造出既安全、环保、健康、经济、美观、实用,又具有文化内涵的室内环境,这就需要我们认真钻研和探索室内环境设计这一新兴学科的规律性以及目前存在的问题,以便更好地解决和满足现代人的需要。同时也要求我们提高专业水平和创新能力,因为创新是室内环境设计的"灵魂",只有创新,才能百战百胜。

(五)室内环境的设计思维

1.室内环境设计思维过程。室内环境设计是一项立体设计工程,掌握科学的设计思维方法是完成设计整体方案的重要保证。在一般学科的思维过程中,可以把思维方式常分为抽象思维与形象思维。而室内环境设计的思维属于形象思维中最高层次的思维方式。室内环境设计的思维方法有其明确的特殊目的性,从有意识地选取独特的设计视角进行功能与形式表现的概念定位,到综合分析与评价设计方案中各环境要素,从对历史文脉与文化环境的思考与表达,到如何通过施工工艺完美体现出设计创意思想的一系列思维过程,一步一步地设计出具有美感意蕴的室内空间环境。

1)对室内环境的综合分析与评价:一个设计师接到室内设计任务时,首先应该对该室内环境设计内容进行综合分析与评价。明确室内设计任务与具体要求,在展开创意定位之前要对室内设计要求的使用性质、功能特点、设计规模、等级标准、总造价等进行整体思考,同时要熟悉有关的设计规范和定额标准,收集分析必要的设计信息和资料,包括对现场的勘察以及对同类功能空间的参观等,这些内容都是完成设计方案过程中设计思维的组成部分。

2)对室内环境形态要素的分析:室内设计是一门观念性较强的艺术,更是一种艺术形态要素的表现艺术,其设计思维程序要遵循整体—局部细节—整体的思路,把空间环境内每一设计形态要素(造型、色彩、材料、构造、灯光、尺度、风格)有机地协调起来。很多设计师往往只重视空间界面体的经营和装饰观念的表达,却忽视了同一空间下的许多设计元素的内在统一和呼应,正是这些设计要素的内在联系才能创造出整体、和谐的内部空间。

3)对历史文脉和人文环境的分析:设计师一定要把握住时代的脉搏和民族的个性。室内设计既要有时代感,又要兼有民族性和历史文脉的延续性,同时要对室内人文环境进行深入的研究与分析,以独特的眼光进行创意和设计,来创造出具有鲜明个性和较高文化层次的室内环境。

人文环境所涉及的方面不仅要满足人类对室内空间遮风挡雨、生活起居的物质需求,而且还要满足人类对心理、伦理、审美等方面的精神需求。因此室内设计的人文环境发展表现了一个时代文化艺术的风貌和水准,凝聚了一个时代的人类文明,它既是一种生产活动,又是一种文化艺术活动。所以说,在室内环境中,对人文环境表现的到位与否也同时决定了设计结果的文化品位的差异性。

4)整体艺术风格与格调的设计思维:艺术风格是由室内设计的审美"个性"决定的。"个性"的表现意在突出设计表现形式的特殊性,风格并不单单是"中式风格"或"欧式风格"的简单认定,在优秀的设计师看来,风格是把设计者的主观理念及设计元素通过与众不同的形式表现出来,其色彩、造型、光影、空间形态都能给人们以强烈的视觉震撼和心灵感动。

艺术格调是由室内设计的文化审美品位决定的。对"格调"表现的思考应重点放在设计文化的表现上,仅仅满足一般功能的室内设计很难体现出设计的品位来。在设计中,有时墙面上一幅抽象装饰画与室内现代几何体型的陈设家具呼应协调,就会映照出高雅的审美情调。有时一面圆形的传统窗棂与淡然陈放在墙立面的古色古香的翘头案,在月光的洒照下,好像在跟人娓娓诉说着时光的故事,让人产生美妙遐想,这种审美的体会就是设计师高品位的设计文化格调的体现。

5)装饰内容与形式表现的设计思维:装饰内容是空间功能赖以实现的物质基础,要通过形式美法则的归纳与演绎将其以符合大众审美趋向的设计形态表现出来。两者的完美结合才能最终完成设计效果的表现。设计内容与形式的表现是上一阶段思维过程的延伸,是对室内设计所有信息、物质形态以及对各种功能特征做出细心分析和综合处理后,把它们集合起来通过不同的形式表现出来的设计过程。

6）科学技术性的设计思维：室内设计是受技术工艺限制的实用艺术学科，它是围绕着满足人的心理和生理的需求展开的。比如，装饰材料的性能参数、空间范围与形态造型尺寸的确定、比例的分割、工艺的流程、结构的稳固等，这都要有科学的依据。室内环境设计就是要在有限的空间和技术制约下创作出无限的装饰美感空间环境。

2.培养原创性设计思维方式。目前有种倾向，在室内设计教学中不论是实际投标设计方案还是命题设计方案的设计训练，学生多采用"模仿—归纳—整合"的设计思维方式进行设计，即根据设计题目来大量翻阅资料，然后根据自己的大体设计思路归纳出适合自己的表现形式，把资料中适合自己的表现形式和方法进行重新整合，以完成整套设计方案。学生这种创作思路虽然不能全盘否定，但毕竟不是艺术设计创造性思维的科学方式。室内设计的教学目的是培养学生的开拓性原创性设计思维，挖掘创造性和个性的表达能力，让学生把关注的重点放在探寻和解决每一个设计问题的过程上，而不应该只注意最终设计的结果是多么的完美。

原创性思维方式建立的关键是挖掘创造性和个性的表达能力，创造性是艺术思维中难度最大的思维层次。人们一般的思维方式是习惯于再现性的思维方式，通过记忆中对事物的感受和潜意识的融合唤起对新问题的思考，这是一种有象的再现性思维，因而是顺畅和自然的。而创造性的思维是有象与无象的结合，里面想象占有很大的成分，通过大脑记忆中的感知觉，运用想象和分析进行自觉原创性表现思维。创造性的思维由于探索性强度高，需要联想、推理和判断要求环环相扣，所以是比较艰苦和困难的。

学生在设计过程中不自觉地运用再现性思维方式并不是主观逃避创造性的思维方式，而是有两个主要的原因：一是思考力度比较轻松；二是对自己原创性创造闪光点缺乏自信心和捕捉能力。更为主要的一点是教师有时并不太注意和抓住这个闪光点并激励和赞美它。因为教师往往过多地根据自己的喜好来评价学生的原创性创意点。在室内设计方案的深入过程中，学生通过对自己整体设计方案的每一个细节部分的细化设计，来寻求人性的本质要求并赋予符合功能性的美学设计理念与形式表达，这个原创性思维过程有时很枯燥，这时的创造心理比较脆弱，有时出现的创造灵感和新的创意点如果把握不住也会飘然而过。这时，作为教师应该关注学生的思维心路历程，及时地抓住学生转瞬即逝的闪光点给他赞扬和勇气，让他去完善原创性思维的设计方案。

当每个学生完成一整套闪耀着自己心智和个性的设计方案时,虽然不一定是个完美的方案,但是在整个设计思维过程中敢于体验和超越的设计感觉,已经为他们进行原创性设计思维的方式奠定了基础。在室内环境设计的教学中,应大力提倡原创性思维的训练,同样,也应在社会上的行业设计师中积极倡导。

(六)室内环境设计的表达特征

1.目的性和功用性表达。室内环境设计首要的问题是正确地表达其空间的设计目的和其功用性。接受一个室内设计项目,首先要充分地了解该项目室内空间环境所承载的功用目的,家居空间是家人用来生活团聚的,商场的室内空间是满足不同阶层人们消费购物的,酒店是满足用餐、住宿的,写字楼是提供办公工作环境的,等等。这些室内环境都有明确的功用目的和使用要求,设计师只有在设计方案开始创意构思时做好充分的调查研究和进行设计概念的宏观定位,才能为下一步的设计深化打下坚实的基础。

室内环境设计目的是使建筑内部空间的功能和目的性得以合理体现和利用,要满足人们对环境的使用要求既包括基本的需求,从物质的层面符合功能要求的需求,又包括对室内环境更高的审美要求,即从精神层面对心理要求、情感要求、个性要求的满足。为人们提供安全、舒适、美观的工作与生活环境是室内环境设计目的性和功用性的具体表达要求。一个设计方案的形成过程也是设计师挖掘和表达室内特殊功能目的的心路历程。

2.室内环境设计语言的表达。设计师水平的高低只有通过设计语言的熟练表达才能具体体现出设计的创意与构思。设计语言的具体内容就是利用各种点、线、面设计元素,通过形式美法则的具体运用,将造型、材质、色彩、光影、陈设、家具等表达在各个室内空间的虚实界面中。

设计语言的表达就是在室内环境设计中把功能形式、结构形式和美学形式,从大脑中的意念变为集成体的设计符号,通过一系列意象关联的多义而高度清晰的抽象或具象符号,在设计图上完整地表达出来。

一个设计师除了能够在室内空间的各个界面中熟练自如地打散与组合各种设计语言元素,来表现出自己的美妙构思,重要的是要在艺术设计素养上多下功夫,在各种艺术设计门类中汲取营养,艺术形式语言是相通的。室内环境设计语言表达得越精练到位,室内空间环境的设计美感就越被审美者所感知。

3.技术性表达。室内环境设计总是根植于特定的社会环境,体现着特定的社会经济文化状况。科学的发展在影响了人们的价值观和审美观的同时,也为室内环境设计的技术革新提供了重要的保障。室内环境设计总是要以新材料、新施工工艺、新结构构成以及创造高品质物理环境的设施与设备,创造出满足人们生理和物质要求的高品质生活环境,以适应人们新的价值观与审美观。

我国科技的迅速发展使室内环境设计的创作处于前所未有的新局面,新技术极大地丰富了室内环境设计的表现力和感染力,创造出了各种新的设计与施工的表达形式,尤其是新型建筑装饰材料和室内结构建造技术以及国外室内智能设计的新发明都丰富了室内环境设计的形式与内容的表现力。所以说,作为环境艺术设计专业的学生应该以空前的热情,学习和掌握建筑室内设计的新技术、新方法、新工艺,在设计方案中做出充分的表达。

4.室内环境设计的人性化表达。人性化设计体现在以人的尺度为设计依据,协调人与室内的关系。彻底改变从前"人适应环境"的状况,使室内设计充分满足人们对室内环境实用、经济、舒适、美观的需求。

人性化的设计很多都体现在设计细节上的,室内空间使用的舒适程度、尺度的把握、空间布局以及材料的运用,包括色彩、光线等安排都应按人的生理和心理来考虑。不同的空间也应根据不同的使用功能来设计,现在有些设计师不管商业空间还是家庭住宅空间都注重的是设计样式,看重形式是否美观,忽略了人性的需求这一本质问题,没有真正区分什么是设计,什么是艺术,设计并不是艺术。实用、经济、美观是设计的三要素。设计时重要的是满足人的使用功能,因此,设计师要牢牢树立以"人"为中心的设计理念,这个"人"字,不仅仅是设计师自己理念上审美情结的表现与宣泄,更重要的是指满足室内环境的使用者的审美要求。室内空间使用者的意志、性格、趣味、审美心理等因素,规范和约束着设计师对室内设计创造的构思与完成。另外,设计师之所以表达不出人性化的设计,还与平时的实践有很大关系,如果没有亲身体会过某个地方的空间,就不会知道这个空间需要些什么东西,这些东西怎么放,放在哪儿对人更合适等。如果没有这些体会就只有把别人做完的式样搬过来用,哪里谈得上设计人性化的关怀与表达呢?

二、室内环境设计的基本美学特征

(一)室内环境设计是文化艺术与科学技术的统一体

室内环境艺术设计从设计构思、结构工艺、构造材料到设备设施,都是与时代的社会物质生产水平、社会文化和精神生活状况相联系的。就艺术设计风格来说,室内环境艺术设计也与当时的哲学思想、美学观点、经济发展等直接相关。从微观的、个别的作品来看,设计水平的高低、施工工艺的优劣不仅与设计师的专业素质和文化修养等有关系,而且与具体的施工技术、管理、材料质量和设施配置等情况,以及各个方面(包括业主、建设者、决策者等)的协调关系密切相关。一个人的一生绝大部分生活在室内空间中,在这个与人朝夕相处的环境中,人的生理和心理都会通过室内环境的各种界面设计、空间规划、色彩设计、光影设计、装饰材料运用、家具陈设设计等具体的设计内容来获得审美与实用的满足。在整个室内环境的设计活动中,一步都离不开科学技术的支持,比如,光的照度舒适与否,材质的环保性能和指数、人体工学的科学测算数据等。一套优秀的设计方案最终是靠各种科学的施工程序来展示出来的,所以说室内环境设计不是纯欣赏的艺术,是服务于人类的实用设计艺术,是文化艺术与科学技术的统一体。

(二)室内环境设计是理性的创造和设计审美的表现

室内环境设计是理性的创造和装饰审美设计的表现过程。室内环境设计是一项设计过程严谨、设计程序科学、设计内容涵盖面较大的一项设计活动。在设计过程中,设计师不能只根据自己的审美情结和艺术形式与风格的喜好来设计创作,要冷静理性地根据特定室内环境和不同的功能要求来进行科学的设计定位,时刻站在空间环境使用者的角度来把握设计的内容与审美形式。

室内环境设计方案的形成是将所有设计的内、外因素经过设计师的理性分析与整合,然后再通过人性化的设计理念、装饰形式语言的提炼、装饰材料的选择,把很多程式化的空间设计形态和观念根据建筑室内空间具体的功能要求进行调整、裁剪、重组,然后形成一套完整的、功能与形式相统一的设计方案,最终通过施工完成室内环境完美的表现境象。

(三)室内环境设计是功能与审美的统一体

室内环境设计的发展也是审美历程的发展,从一开始以满足居住为主要功能的内部环境设计发展到今天人们要求设计一个对人的生理和心理都能带来审美愉悦的室内空间环境,其中的审美主体和客体发生的变化正体现着社会的不断进步和人们对设计人性化的需求。所以,新世纪的室内环境设计要求设计师把握住功能与审美这两大主题。

室内环境设计中最重要的设计概念是要把握住设计方案的实用功能要求,形式追随功能永远是设计的基本原则,但是随着人们生活质量的提高,在当今社会生活中不同空间的人们对室内空间环境的各个方面,如空间的划分、色彩的运用、材质的环保与生态、灯光的舒适等都提高到审美的高度来要求设计师给使用空间的人们带来生理和心理的审美愉悦。所以说,现代室内环境设计不只是给人们设计一个居住和消费的机器空间,更重要的是设计一个实用与审美高度统一的室内空间,环境艺术设计师应该是建筑空间创造美感的使者,这一点正是室内设计区别于其他设计专业的美学特点。

(四)室内环境设计的中心原则是"以人为本"

室内设计师应树立以"人"为中心的设计原则,要充分满足室内环境的使用者(审美主体)的审美要求。研究审美主体的意志、性格、趣味、审美心理等因素,这应是室内环境设计的中心原则,也是室内环境设计的基本美学特征之一。

室内环境设计的目的是创造高品质的生活与工作空间、高品位的精神空间和高效能的功能空间。作为空间的使用者——人便显得尤为重要,人的活动决定了空间的使用功能,空间的品质体现了人的需求和层次。

"以人为本"实际上就是提倡人性化的设计,因为现代社会每天都会出现新的知识、新的材料、新的施工工艺,设计的用户也会不断有新的要求,人类的精神关怀和审美要求也在不断地细腻化,所以人性化设计应该落实在具体的细节设计上而不应该只停留在口号上。比如,室内空间环境使用的舒适程度、人体工程的把握、空间布局以及材料的运用,包括色彩、光线等安排,这都应按人的生理和心理要求来考虑。不同的空间也应根据不同的使用功能来设计,不能只看重形式是否美观,更重要的是要满足人的使用功能和亲和功能。

三、室内环境设计形式美原理

(一)"对比与统一"的控制律

目前,在室内环境设计领域中,设计师常常感到一种困惑,就是当众多的设计元素和形式美法则摆在面前时,如何适度地运用各种法则来构成设计的整体美是一个重要的问题。万事皆有"度",实现"整体美"关键在于掌握"变化与统一"的"控制律",换言之,即"大统一、小变化"的设计原理。

变化与统一是对立统一规律在艺术设计中的应用,是整个艺术门类创作的指导性原则。室内设计中,在运用各种设计形态语言进行设计时,到底变化元素的成分占得多,还是统一的元素成分占得多,两者的比例达到何种控制比率,才能达到室内空间的和谐美观,才能达到审美适度与"恰到好处"？这是室内环境设计要掌握的设计美学原理的核心问题。

(二)室内环境设计的形式美表现

形式有两种属性:一种是内在内容,一种是事物的外显方式。室内环境设计中所运用的形式美法则就属于第二种属性的体现。

1.适度美。室内设计中适度美有两个中心点:一是以审美主体的生理适度美感为研究中心;另一个是以审美主体的心理适度美感为研究中心。从人的生理方面来看,人类从远古时代缓慢地发展到文明时代,经验的积累使人们逐渐认识到人的直接需要便是度量的依据。室内环境中只有人的需要和具体活动范围及其方式得到满足,设计才有真正意义。正因如此,才出现了"人体工程学",该学科经过测量确定人与物体空间适度的科学数据法则,来实现审美主体的生理适度美感。从人的心理方面来看,室内环境设计主要研究心理感受对美的适度体验,比如,室内天棚设计的天窗开设,让阳光从天窗中照射进来,使跨度很深的建筑透过小的空间得到自然阳光的沐浴,使人们在心理上不仅不感到自己被限制在封闭的空间里,潜在的心理反应让人感到房间与室外的大自然同呼吸,心理上有了默契。这种微妙的心理感受正是设计师所要格外认真研究的适度美感问题。适度美在室内环境设计形式美法则的运用中居核心地位。

2.均衡美。室内设计运用均衡形式表现在四个方面:形、色、力、量。设计师在室内设计中对均衡形式的不同层次的整合性挖掘是创造均衡美感的关键。

形的均衡反映在设计各元素构件的外观形态的对比处理上,如室内空间中家具陈设异形同量的均衡设计。色彩的均衡重点还表现在色彩设置的量感上,如室内环境色调大面积采用浅灰色,而在局部陈设上选用纯度较高的色彩,即达到了视觉心理上的均衡。力的均衡反映在室内装饰形式的重力性均衡上。如室内主体视感形象,其主倾向为竖向序列,一小部分倾向横向序列,那么整个视感形象立刻会让人感受到重力性均衡。量的均衡重点表现在视觉面积的大与小上。如内墙可看作面形,上面点缀一幅装饰小品可看作点形,这个点形在面形的衬托下成为审美者的视点,如果在同一内墙上再点缀上另外一个点形装饰物,这时两个点形由于人的视线不同会出现相互牵拉的视觉感受,暗示出一条神秘的隐线。这条隐线便是产生均衡美感的视觉元素。所以,设计师在室内环境设计中对均衡形式美的研究将会使设计语言在室内各个界面组合表现中呈现出动态的设计审美效应。

3.节奏与韵律美。室内设计中的节奏与韵律美是指美感体验中生理与心理的高级需求。节奏就是有规律的重复,节奏的基础就是有规则的排列,室内设计中的各种形态元素,如门窗、楼梯、灯饰、柱体、天棚的图案分割等有规律的排列,即产生节奏美感。韵律的基础是节奏,是节奏形式的升华,是情调在节奏中的运用。韵侧重于变化,律侧重于统一,无变化不得其韵,无统一不得其律。节奏美通过室内设计语言形态的点、线、面的有规律的重复变化,在形的渐变,构图的意匠序列,色彩的由暖至冷、由明至暗、由纯至灰及不同材质肌理的层次对比等方面具体体现出来。这种体现直接地反馈到审美主体的心理和视觉感受中。如果说,节奏是单纯的、富于理性的话,那么,韵律则是丰富的、充满感情色彩的。

四、室内生态环境设计

(一)室内生态环境的相关设计理念

1.室内生态环境的系统整体性。室内生态设计研究是基于环境艺术设计与生态美学相结合背景下而进行的,室内生态环境设计是置于整个地球之上的以建筑为载体的生态系统之一。作为生态系统的一个子系统,它受到系统整体的制约,同时又对整个生态系统产生影响,它与生态系统中的其他子系统一起共同维系着整个生态系统的健康发展。室内环境生态系统整体涵盖以下三个层面。

(1)室内生态环境与建筑的整体关系:作为建筑重要组成部分的室内生态环境设计,二者是一种相辅相成的整体关系,建筑的结构形态决定着室内空间的设计造型形态,建筑本体空间与室内生态环境的整体统一关系,永远都是环境设计重点考虑的问题。

(2)室内生态环境与自然因素的整体关系:把自然因素引入室内不仅是为了生态的意义,更重要的是强调室内外互相融合的统一整体关系。自然因素包括自然资源,如天然材料或以自然物质为原料的建材等。在室内环境设计中使用天然材料的"绿色饰材"与传统材料相比具有无污染、可再生、节能性等特征,也可以减少室内甲醛等有害物质,所以,室内生态环境设计离不开与自然因素的融合,是一个有机的室内生态环境整体系统。

(3)室内生态环境与室内各要素之间的整体统一关系:室内生态环境设计与人的关系最为主要,而人与生态环境的关系取决于人的两个方面的生态感受:一是生理生态感受,如家具陈设的人体工程学数据特征、室内空气品质、室内照明、防燥、温湿度等对人体的物理性影响；二是心理的生态设计，如色彩、肌理、节奏、韵律、形式等对人的心理产生的生态影响，生态设计离不开上述两个方面，人与各项物理指标和心理因素的整体协调，任何将室内环境与各种要素之间的割裂都是不可取的。

2.室内环境"绿色设计"和"绿色消费"。关注绿色设计、倡导绿色消费是当今室内环境设计中生态性的具体概念定位。

1)"绿色设计"：绿色设计又称生态设计、面向环境的设计等，是指借助产品生命周期中与产品相关的各类信息（技术信息、环境协调性信息、经济信息），利用并行设计等各种先进的设计理论，使设计出的产品具有先进的技术性、良好的环境协调性以及合理的经济性的一种系统设计方法。

对室内设计而言，绿色设计的核心是"3R"，即 Reduce、Recycle 和 Reuse，不仅要尽量减少物质和能源的消耗、减少有害物质的排放，而且要使产品及零部件能够方便地分类回收并再生循环或重新利用。绿色设计不仅是一种技术层面的考量，更重要的是一种观念上的变革，要求设计师放弃那种过分强调产品在外观上标新立异的做法，而将重点放在真正意义上的创新上面，以一种更为负责的方法去创造产品的形态，用更简洁、长久的造型使产品尽可能地延长其使用寿命。

室内环境中的绿色设计包括三个方面：一是绿色环保设计，即设计时将环保、生态要求作为设计的基础；二是使用既不会损害人的身体健康，又不会导致环境污染和生态破坏的健康型、环保安全型的室内装饰材料；三是绿色施工，不随意破坏房屋框架结构，不浪费资源，施工过程中不污染环境，使室内设计更贴近自然，使室内能源利用和审美景观的创造都能达到一个新的高度。

2)"绿色消费"：绿色消费对于室内环境生态设计具有三个层面的意义：一是倡导消费者在消费时选择未被污染或有助于公众健康的绿色产品和绿色建材；二是在消费过程中注重对垃圾的处置，不造成环境污染；三是引导消费者转变消费观念，崇尚自然、追求健康，在追求生活舒适的同时要注重环保、节约资源和能源，以实现可持续消费。

3.室内生态环境的文化观、价值观。中国道家"天人合一"的观念强调了人与自然的协调关系，强调了人工环境与自然环境的渗透和协调共生，这就是生态思想的很好体现。

假如说室内设计能够体现"天人合一"审美理想的话，那么，室内环境的"氛围"便是最恰当的传达方式。在设计中应贯穿生态思想,使室内环境设计有利于改善地区局部小气候,维持生态平衡。现代科技的发展,新材料、新技术、新工艺的应用,加上配以不同的设计风格,使人们对室内环境各种气氛的心理需求愿望开始变为现实。在追求具有较高文化价值和审美意境、层次的各种风格室内空间环境氛围的趋势下,工业文明带来的环境问题导致人们的环境意识倾向于对自然的青睐崇尚。与自然融合、沟通的天人合一审美理想的追求表现在人们对室内环境氛围自然化的心理需求上面。这种审美理想同时也是一种文化价值的追求体现。设计光照充足、光影变化丰富的室内光环境既拓宽了视觉空间,也构成了室内环境与外部自然环境的渗透交融;以自然色彩为基调的室内装饰环境,配以生态植物、动态流水、假山鱼鸟等自然景观,就可让人通过视、听、触、嗅觉产生心理联想与审美情感,恍若置身于大自然之中,进入轻松超脱,天人合一的精神境界。在质、形的设计选择方面,选取木、石、竹、藤、棉、丝等天然或合成材料做室内界面、陈设用料,不仅在于它们的"绿色"特性,更在于其具有的自然肌理、色彩、质感、触感给人带来对于自然的丰富想象和审美需要;室内环境中各类装饰、陈设部件的结构形态,经艺术加工处理,制造具象或抽象自然效果,比之那些烦琐、机械呆板的造型更具人情味和亲切感。因此,光色形质与自然景观巧妙结合的自然化处理,是形成良好室内生态环境和自然意境氛围,满足当代人类天人合一审美思想的重要设计手段。

人的审美意识在社会活动中随着时代的进程而发展,新装饰材料的诞生、新技术的发展都改变着人们的审美取向、引领着设计思潮。把生态意识注入整体设计理念中可使环境设计生态化,探求环境、空间、艺术、生态的相互关系,研究新的设计思路、方法,是当今室内生态环境设计的发展方向。

(二)室内生态设计基本原理

1.室内设计与环境协调。尊重自然、适应自然是生态设计最基本的内涵,对环境的关注是生态室内设计存在的根基。与环境协调原则是一种环境共生意识的体现,室内环境的营建及运行与社会经济、自然生态、环境保护的统一发展,使室内环境融入地域的生态平衡系统,使人与自然能够自由、健康地协调发展。回顾现代建筑的发展历程,在与室内环境的关系上,人们注意较多的仍是狭义概念上的与室内环境协调,往往把注意力集中在与室内环境的视觉协调上,如室内结构形态的体量、尺度之间的协调,而对于室内环境与自然之间广义概念上的协调却并没有足够重视,在这些表面视觉上的和谐背后却往往隐藏着与大自然不和谐的一面,如没有任何处理的污水随意排放,使清澈的河流臭气四溢,厨房的油烟肆虐,污染周围空气,娱乐场所近百分贝的噪音强劲震撼,搅得四邻无法安睡等,所有这些都与生态原则格格不入。

2.室内环境体现"以人为本"。人的需求是多种多样的,概括来说是生理上的和心理上的需求,对于建筑室内环境来说其要求也有功能上和精神上的需求,所以影响这些需求的因素是十分复杂的。因此,作为与人类关系最为密切,为人类每日起居、生活、工作提供最直接场所的室内环境就直接关系到人民的生活质量和幸福指数。"以人为本"并不等于"以人为中心",也不代表人的利益高于一切。根据生态学原理,地球上的一切都处于一个大的生态体系之中,它们彼此之间相互依存,相互制约,人与其他生物乃至地球上的一切都应该保持一种平衡的关系,人不能凌驾于自然之上。虽然追求舒适是人类的天性,但是实现这种舒适条件的过程却是要受到整个生态系统制约的。"以人为本"必须是适度的,是在尊重自然原则制约下的"以人为本"。生态室内环境设计中对使用者利益的考虑,必须服从于生态环境良性发展这一大前提,任何以牺牲大环境的安宁来达到小环境的舒适的做法都是不可取的。

3.室内设计应动态发展。可持续发展概念就是一种动态的思想,因此生态室内设计过程也是一个动态变化的过程,建筑始终持续地影响着周围环境和使用者的生活。这种动态思想体现在生态室内设计中,具体体现在室内设计要留有足够的发展余地,以适应使用者不断变化的需求,包容未来科技的应用与发展。毕竟室内设计的终极目的就是更好地为人所用,科技的追求始终离不开人性,我们必须依靠科技手段来解决及改善室内环境,使我们的生活更加优越,同时又有利于自然环境的持续发展。

第二节 室内环境设计的意境表现

一、室内环境设计的审美意象

近年来,艺术理论界普遍认为,意境表现离不开审美意象,是由审美意象升华而成的,意象是意与象的统一。所谓"意"指的是意向、意念、意愿、意趣等审美主体的情意感受。所谓"象"有两种状态:一是物象,是客体的物所展现的形象;二是表象,是知觉感知的事物所形成的映象,是头脑中的观念性的东西。

室内环境设计的意境表现离不开审美意象,它是由审美意象升华而成的。意境与意象有着紧密的内在联系,研究室内环境设计的意境表现问题,就有必要从室内环境设计意象上进行研究与探索。室内环境设计中的意象表现是指设计师通过具体设计内容与形式的"象"来唤起审美者的主体情感感受,以体会情景交融的审美意境,这种意象是具有审美品格的"设计审美意象"。室内环境设计审美意象具有以下几种表达特征。

(一)形象性

室内环境设计的审美意象均借助于"象"来表现室内环境设计的"意",它不同于抽象的概念,无论是通过物质材料显现出来的艺术形态,还是保留于头脑中的内心图像,都离不开"象",一切意象都具有形象性的特征。室内空间环境设计的"意"是靠具体的各个界面装饰设计、色彩表现、灯光设计、各种家具陈设等具体艺术造型的"象"来表达的。

(二)主体性

中国传统审美思想中,审美主体与客体的相互映照,被看作是"天人合一"的具体体现。就是说,自然的客观世界(天)要成为审美对象,要成为"美",必须有"人"的审美活动参与呼应,必须要有人的意识去发现它,去"唤醒"它,才能达到"天人合一"的最高审美境界。室内设计的主体性就是强调设计风格和装饰品格与审美者的共鸣与交流。

(三)多义性

室内环境设计中有着以象表意的丰富性、多面性。而人们感受审美意象,又存在着主体经验、主体情趣、主观联想、主观想象的多样性、多方向性。因此,室内环境的审美意象具有显著的模糊性、多义性、宽泛性、不确定性,内涵上包蕴广阔的容量,审美上蕴涵着浓厚的装饰意味,具备以有限来表达无限的潜能。

(四)直观性

室内环境设计审美意象是在思维方式上呈现出直观思维方式,它不同于逻辑思维,不是以"概念",而是以"象"作为思维主客体的联系中介。意象思维过程始终不脱离"象",呈现出直观领悟的思维特色。室内设计具有实效性、经济性、效益性等特点,对于空间环境的意象表现,不能像文艺作品中那样含蓄地

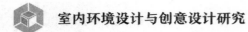

表达审美意境,室内设计语言要明确地阐述其功能性。如酒店的视觉特色就是通过设计形象和色彩来向消费者传达出酒店是用餐与住宿的主要功能特点来。

(五)情感性

室内环境设计审美意象是审美活动的产物,必然伴随着情感活动,即所谓的"物以情观",主体在以情观物的同时也将自己的感情移入设计对象,给设计对象涂上浓厚的感情色彩。因此,审美意象是主体的审美情感的升华,是一种以情动人的感情形象。情感性也会体现出审美的差异性,同一个设计空间,因人不同的情感状态会对空间产生不同的审美意境体验。比如,墙上的一块灰颜色,当一个人心情愉快时看到它会感觉到色彩高雅,但是当一个人心情沮丧时看到它将会感到心情更加的郁闷压抑,绝对不会体会到色彩的高雅了。

二、返璞归真的意境表现

室内环境设计的境界体现在室内设计形态和装饰的外显方式上,而最能体现出返璞归真的意境的是设计中自然风格的定位和天然环保材料在室内设计中的运用。在室内设计中用人工手段创造大自然景观和回归自然的室内意境,大量地选用天然环保装饰材料,追求室内环境的自然化、人情化、健康化已成为室内设计的时尚和趋势。在当今室内设施日趋现代化,人在室内空间逐渐脱离大自然的情况下,室内设计提倡运用自然回归的设计理念,追求整体格调素朴高雅的情愫,完全符合人类潜意识的合理要求,也充分体现"以人为本"的设计原则。

随着工业发展的加快,城市人口的聚集、居住环境的破坏,生存压力的增加,工作之余人们从城市来到郊外、来到山涧、来到海边,清新的空气、生动的翠绿、初春的景致、放松的身心、交流的场所令人向往、渴望、留恋,从而室内装饰设计的自然化趋向得以产生,自然化的室内设计受到人们广泛的关注,成为绿色设计的重要研究方向。

在装饰材料的运用上,如原始的梁柱、粗糙的石材、翠绿的植物、圆滑的卵石、洗练的白砂、流动的水景,秦砖汉瓦蕴藏了历史的遗风,梅兰竹菊寓意着君子的韵味。材料肌理的粗糙与光滑,都闪烁着淳朴自然之美感。

在室内色彩的设计上,自然环境采集之色均可成为表现自然主义的色调。泥土的赭石色、青翠的叶绿色、白色与灰白色、天与海的蓝色、阳光的金黄色等。

三、生态设计的审美内涵

(一)生态美学理论来源

环境艺术设计的发展如同其他艺术设计一样,都是受当下多种美学思想观念所影响的,尤其是生态美学思想对室内环境设计产生着重要的影响。

促成近年来美学的生态转向的重大贡献之一来自高主锡。高主锡在20世纪80年代早期就提出了生态美学的观点,认为生态美学超越了西方传统美学中的主观主义,以人与风景融为一体的主观意愿为基础。他提供了大量、广泛的论证来说明建立一套整体主义的环境设计理念的必要性。在一篇题为《生态美学:环境美学的整体主义演化范式》中,高主锡提出了生态设计的三个美学原则,如下。

第一,创造过程的包容性统一原则。这一原则将形式与目的、语境融为一体,这是自然界和人类社会创造过程的必要条件,展示了创造过程与审美体验的相互关系。生态设计应该以设计人与环境的互动为核心,建筑物被视为环境,生态设计者所应关心的不是事物或环境的形式和结构,而是人与环境的互动关系。

第二,目的与语境、环境与场所、使用者与参与者等形式体系上的包容性统一原则。

第三,动态平衡及互补性原则。动态平衡指的是保持有机形式与无机形式之间的创造和发展过程有序进行的定性平衡。动态平衡强调主体与客体、时间与空间、固态与空无,以及概念上分为形式与内容、物质与形式、浪漫主义与古典主义、感受与思想、意识与无意识等的不可分割。动态平衡实质上体现出"互补性"特质。互补性也是一个美学原则,它联结了形式秩序与意义的丰富性、内与外、错与美。

(二)室内设计生态美学的特征

1.室内空间设计中人与环境的互动性和包容性相统一。强调室内空间里人与环境的互动关系是审美主体与审美客体相互映照的具体体现。生态学认为人类对自然环境的影响越大,自然环境对人类的反作用就越大。当自然环境达到无法承受的程度时,在漫漫岁月里建立起来的生态平衡就会遭到严重的破坏。由此引申到室内空间环境设计来分析,室内空间中强调人与环境的互动,绝不能强调人或环境单一方面的出位,既不能过于强调环境设计的独立性,也不能过于强调人对于空间审美的主导地位,而应该是和谐的互动、包容的互动、统一的互动。这是室内设计生态美学体现的根本特征之一。

2.室内设计的目的与情境、空间与场所、主客体审美关系等形式体系上的包容性相统一。室内设计的目的是为了解决人们在空间中的需求,需求涵盖两个方面:一是生理需求;二是精神需求。生理需求体现在达到人体工学数据的各种物质设施的需求,精神需求则主要体现在人的心理审美需求上。而满足室内室间中的两个需求又必须在特定的空间情境下所产生主客体的审美关系。身处这种室内环境里,感受到事物所表达的情绪,审美主体可以通过自身的感受去体验不同的审美情境;可认知性特点体现在室内空间环境的可意象性上,人们通过视觉所看到的环境实体唤起对环境的认同感。比如,室内空间形态、界面、色彩、灯光等可以加强人们对环境的范围、方向的认知,室内的文字、图像、标志、历史物件等符号也都可以说明一段历史、一种文化,可以让人认知到地方的文化和特色,进而产生文化情境;互动性特点体现在人与环境的互动体验,比如,不同的审美主体的身份特征、文化背景、审美心境、行为需求、心理期待等因素的不同应在设计中充分考虑其环境的个性化表现与需求度吻合。这是室内空间中情境特点的中心。

综上所述,室内空间设计的目的是满足室内空间中的两个根本需求,而满足其两个审美需求又必须在特定的空间情境和空间场所下所产生主客体的审美关系,所以室内设计的目的与情境、空间与场所、主客体审美关系都是设计内涵的整体内容,不能孤立地存在和表现,更应是一种包容性的互融与交集。

3.室内空间设计生态观与人文观相统一。室内设计中的生态观与环境观在设计意义上有所不同,从字义上说,外文"环境"具有"包围、围绕、围绕物"之意,是外在于人的,是一种明显的人与对象的二元对立。芬兰环境美学家瑟帕玛认为"甚至'环境'这个术语都暗含了人类的观点:人类在中心,其他所有事物都围绕着他";而"生态"则有"生态学的、生态的、生态保护的"之意,而其词头则有"生态的、家庭的、经济的"之意。由此来看,生态美学观念在其意义上更加符合生态文明时代人与自然关系的实际与要求,体现在室内设计中,更加符合人与室内空间生态性的互相依赖、互相融合的设计原则。

人文观是指对人的个性的关怀,注重强调维护人性尊严、提倡宽容、反对暴力、主张自由平等和自我价值体现的一种哲学观点。人文观体现在室内设计师头脑中的设计理念应是人文关怀、设计伦理、尊重个性、审美愉悦等,其最核心的是设计伦理观念。最早提出设计伦理性的是美国的设计理论家维克多·巴巴纳克，他在20世纪60年代末出版了他最著名的著作《为真实世界的设计》。巴巴纳克明确地提出了设计的三个主要问题：一是设计应该为广大人民服务，而不是只为少数富裕国家服务。在这里，他特别强调设计应该为第三世界的人民服务；二是设计不但为健康人服务，同时还必须考虑为残疾人服务；三是设计应该认真地考虑地球的有限资源使用问题，设计应该为保护我们居住的地球的有限资源服务。从这些问题上来看，巴巴纳克的观点明确了设计的伦理在设计中的积极作用，同时其观点也具有鲜明的生态美学意味。以建筑为载体的室内空间设计，其设计伦理意识决定了室内设计目的为了人，这就重新唤回了设计艺术人文精神的回归。

室内空间设计生态观与人文观二者的统一体现了生态美学的研究本质问题，研究生态美学不能只关注审美问题，更重要的是要有人文关怀和设计伦理观念，设计伦理就是要求室内设计中要综合考虑人、环境、资源的因素，着眼于长远利益，体现设计为人类服务的根本宗旨，倡导人性中的真善美，取得人、环境、资源的平衡和协同，这是生态美学与人文观念的契合，更是室内生态设计美学的实质内涵。

4.室内空间设计的视觉动态平衡与心理动态平衡的相统一。动态平衡是物理学概念，所谓动态平衡问题，就是通过控制某一物理量使物体的状态发生缓慢变化。任何物体的动态平衡都是相对稳定的动态平衡，它总是在"不平衡—平衡—不平衡"的发展过程中进行物质和能量的交换，推动自身的变化和发展。

室内空间设计的动态平衡主要体现在视觉的动态平衡和心理的动态平衡上。视觉的动态平衡体现在"形态"平衡上，室内设计的基本构成是设计形态构成，"形"和"态"有着各自的意义："形"所指的是设计的造型结构，而"态"多反映的是设计的态势和语境、情境等；"形"相对静止，"态"是在不断变化的；"形"必须根据不同的"态"做出个性化、细腻化的设计，使其达到最佳的平衡状态，一个"形"体结构不可以在任何空间里照搬和复制的，如把巴黎的埃菲尔铁塔的造型结构直接复制过来放置在我们的某一个城市，虽然"形"是原型，但其"态"势由于城市历史文化、环境语境都发生了变化，颠覆了平衡，就不会有视觉的美感和愉悦了。所以"形"与"态"的相对平衡所带来的视觉审美价值是室内设计研究的重点；心理的动态平衡体现在人和环境行为之间的关系，研究人的行为特点及视觉规律,比如,人在空间环境中有自觉的向光性、追随性、躲避性,在设计中就应注意人的心理自觉感受与环境形态设计的平衡关系。在室内设计中只有视觉的动态平衡和心理的动态平衡达到完美的和谐统一,才能体现出室内空间生态和谐的审美状态。

第三节 室内环境设计分类简介

一、室内环境设计原则与风格

(一)室内环境设计原则

1.技术性与艺术性统一的原则。时代飞速发展,科学技术不断更新,随之提升的就是设计运用手段的更新,相比较来说,科技的运用大大解决了设计的难题,与此同时,设计的艺术性是不可抛弃的,设计本就属于艺术的范畴,没有艺术性的设计不能称为设计。艺术性针对的是室内的审美问题,这就要求设计师独特思维能力的发挥。

2.继承与创新统一的原则。发展到现在,室内设计的种类可以说是五花八门、百花齐放,在长期的积累中,设计也形成各种风格体系与流派。拿到我们现在来说,我们要秉承"取其精华,去其糟粕"的精神,选择性地吸收先人留下的丰富经验,在吸收的同时结合现代创新技术加以发展,不断开拓新的思维空间,而不是简单地重复。

因此,当代的室内设计除了要继承优秀的设计风格之外还必须要有一定的创新精神,以此来彰显室内设计的个性与设计的独特性,而不是机械地搜集和拼凑已有的模式。

3.功能性与审美性统一的原则。室内设计的功能是人们对实用空间使用上的要求,也可以说是人们最基本的要求,因此,室内设计要尽可能地按照人的使用尺度满足使用人群的需求,这不仅是室内的使用功能需求,也是室内设计的首要原则。

除此之外,设计中还要结合使用者所处的时代、所属民族以及使用者自身特点来进行设计。这就需要设计者具有一定的知识储备,比如说精通美术学与美学等学问,根据审美要求设计出符合人性心理特点的人性化的室内空间环境。

4.形式和谐与文化传统统一的原则。由于所处时代的不同以及各民族间的文化差异,所呈现出的形式美是不同的,室内设计的形式和谐指的就是室内众多因素给予视觉的冲击是否符合人的视觉原理,形式和谐是设计中的最高原则,同时更是设计者所追求的终极目标。

形式和谐的首要制约因素就是文化差异,我们这里所说的形式和谐,一定是符合本民族传统,并且能体现当代审美的。

5.生态可持续发展的原则。要做到可持续发展,我们需要从三个方面进行努力:自然、健康的室内环境,不可再生资源的节约以及可再生资源的合理利用。

1)合理利用可再生资源:可再生能源包括太阳能、风能、水能、地热能等,经常涉及的有太阳能和地热能。

利用地热能就是一种比较新的能源利用方式,该技术可以充分发挥浅层地表的储能储热作用,通过利用地层的自身特点实现对建筑物的能量交换,达到环保、节能的双重功效,被誉为"21世纪最有效的空调技术"。它一般是通过地源热泵将其环境中的热能提取出来对建筑物供暖或者将建筑物中的热能释放到环境中去而实现对建筑物的制冷,夏季可以将富余的热能存于地层之中以备冬用,冬季则可以将富余的冷能贮存于地层以备夏用。

2)自然、健康的室内环境:自然健康的室内环境除了要在室内使用天然的采光、自然通风并尽可能多地引进自然因素以外,最重要的就是要大力推广使用绿色材料。

"绿色材料"一般是指在生产和使用过程中对人体及周围环境都不产生危害的材料,绿色材料一般比较容易自然降解及转换,可以作为再生资源加以利用。

室内设计中应该尽量使用绿色材料,绿色材料一方面有利于减少对自然的破坏,另一方面有助于保持人体健康。选用绿色材料的内部环境,可以大大减少甲醛等有害溶剂在室内空间的释放量,保持良好的室内环境质量。

3)节约不可再生资源。

(1)减少资源消耗:尽量少用黏土制成的砖砌体材料,节约土地资源;室内卫生设备管道尽量少用钢、铁管道,节约铁资源;在室内给排水系统中注意选用节水设备;在给排水系统设计中推广使用中水系统;在电气系统中注意选用节能灯具;在选择材料时注意材料的再利用与循环利用,等等。

(2)建筑节能:在寒冷地区,为了减少冬季能耗,在室内设计中可采取以下措施,如在原有建筑的外围护结构上设置保温层;容易失热的朝向(如北向)尽量减少开窗开洞的面积,并尽量采用保温效果好的门窗,减少建筑整体向大气中的散热;阳光充足的地方可以尽量扩大南向的窗面积,最大限度地利用太阳辐射热;在室内空间的组织中可以设置温度阻隔区,即根据人体在各种活动中的适宜温度不同,把低温空间置于靠外墙部位,同时这部分空间本身也起到了对其他内部空间的保温作用。在炎热地区,主要考虑夏季节能,在室内空间组织上应尽量通过门、窗及洞口的设置组织穿堂风以带走室内的热量;在朝阳一面的外窗应设置遮阳设施以减少从外界的热,降低空调的运行能耗;也可采用热反射玻璃减少阳光对室内的辐射热;或通过植物遮挡阳光;在北方,还有引入地下的冷气对进入室内的管道空气进行降温的做法。

(3)材料节能:材料节能表现为尽量使用低能耗的建筑材料和装饰材料,我国台湾学者的研究表明,水泥及钢铁类建材是各种建筑材料生产加工过程中能耗最大的,二者的生产耗能分别占到台湾建材总生产耗能的30.86%及23.93%,而木材、人造合成板等低加工度建材则生产耗能较低,因此,就生产能耗及污染因素而言,应该尽量采用砖石、木材等低加工度建材。

(二)室内环境设计风格

1.传统风格。从字面意义上理解传统,我们就能很清楚地看到,此种室内设计具有一定丰厚的文化底蕴,极具传统性特征,其风格表现主要表现在室内的布局陈设方面,所体现的是中国传统的东方美。

1)欧式古典风格:古典主义风格的室内环境设计是运用传统美学法则,使现代材料与结构塑造出规整、端庄、典雅、有高贵感的室内造型的一种设计潮流。西方传统古典风格包括古罗马式、巴洛克式、哥特式、洛可可式风格,等等。如欧式的传统风格室内环境设计,其建筑内部空间设计面积比较大,多以柱式装饰来布置中心家具,室内还经常采用烛形水晶玻璃做装饰;古罗马式建筑风格体现出豪华、壮丽的特色;巴洛克式风格建筑,"巴洛克"这个词本来自身的含义是不规则的珍珠,而放在建筑上则指的是外形自由,追求动态的建筑风格,它的建筑体现不规则性;哥特式风格建筑,其建筑总是将尖塔高耸、尖形拱门、大窗户及绘有圣经故事的花窗玻璃呈现出来。

2)中国传统风格:中国的传统风格具有古香气息,其结构框架以木质材料为主,此种建筑设计方法流传了上千年,并一直延续至今。

中国传统风格的商业空间室内,主要指吸取我国传统木构架建筑室内的天棚、斗拱、挂落、雀替(宋代称"角替"),这些装饰构件以结构与装饰的双重作用成为室内艺术形象的一部分。室内设计风格受到木结构的限制形成了一种以木质装修和油漆彩画为主要特征,体现华丽、祥和、宁静的独特风格。通常具有明、清家具造型和款式特征而形成的设计特点。室内除固定的隔断外,还使用可移动的屏风、博古架等与家具相结合,对于组织空间起到增加层次和深度的作用。

3)地域传统风格:除了中国的传统风格之外,其他的异域风格的建筑也是存在的,比如说日本传统风格建筑,其是在独特的风格设计中凸显出了日本的传统特征,以更贴近人们的生活。不同地域的风格各不相同,其带给人的感受也不相同,其间蕴含的是本地区本民族的历史文化内涵,显示了民族文化渊源的形象,给人以怀旧的思绪和联想。

2.自然风格。自然风格就是要"回归自然"。在美学上推崇"自然美",认为只有崇尚自然、结合自然,才能在当今高科技、高节奏的社会生活中,使人们取得生理和心理的平衡,因此在室内环境设计中大多采用木料、织物、石材等天然材料,显示材料的纹理,给人们一种清新淡雅的感觉。

田园风格的手法与自然风格相类似,有时田园风格的室内设计也被划作自然风格中,如草编屏风、纯木座椅的设计就可充分体现田园风格的设计特征。田园设计在室内环境中力求表现悠闲、舒畅、自然的田园生活情趣,也常运用天然木、石、藤、竹等材质质朴的纹理,将绿色景观设置于室内就可创造自然、简朴、高雅、舒适的氛围。

3.现代风格。现代主义风格兴起于鲍豪斯学派,在20世纪20年代达到其顶峰时期,演变为全球化的国际主义。现代主义的核心是理性主义和功能主义,它的出现使传统设计在设计理念、设计形式、设计手法等多个方面发生了根本性的变化。

第一次世界大战之后,工业和科技的发展、现代建筑的兴起使鲍豪斯建立了现代设计的教育体系,奠定了现代主义的设计观念,推广了国际式的设计风格。现代风格设计的共性主要有以下几个方面:第一,力创时代之新,批判保守的建筑思想,主张建筑要有新功能、新技术,尤其指出的就是要有新形式;第二,在理论上承认建筑具有艺术与技术的双重性,并在提倡两者结合的同时强调建筑设计要表里一致；第三，认为建筑空间是建筑的实质，建筑设计是空间的设计和表现；第四，在建筑美学上反对外加装饰，提倡"美"应当和"适用"及建造手段相结合，认为建筑的美在于其空间的容量与体量在组合构图中的比例与表现。

4.后现代风格。后现代主义最早指的是文学上的一次逆反行为，由于文学中现代主义风格内部矛盾而产生逆反心理，而被称为后现代主义，随之也影射到室内设计中。

后现代主义具有文脉主义、隐喻主义和装饰主义三大风格特征。后现代主义的室内设计特征主要表现为如下几方面：第一，反对"少就是多"的现代主义观点，现代主义讲求简单设计与模式化设计，而后现代主义极力强调其复杂性与多样性特征，尤其注重通过象征和隐喻的手法表现形体特征和空间关系；第二，反对直接的复古主义，主张从各个历史时期的古典风格、地方民间传统文脉中剪辑所需要的部件，或是简化成最基本的特征与形式，再通过现代技术方式表达出来，或是"通过非传统的方法组合传统部件"，或是与当代设计元素混合叠加，突出后现代设计双重译码和含混的特点；第三，在设计中大胆运用装饰和色彩，在美化室内环境、满足人们审美需要的同时使设计形式具备更多的象征意义和社会价值；第四，在设计构图时经常采用夸张、变形、断裂、错位、扭曲、极简、矛盾共处等手法，高度自由的构图手法和复杂、不合逻辑的美学趣味常常会引发复杂的联想和意想不到的情感共鸣；第五，在家具和陈列品的配置上突出其象征和隐喻意义。

5.高技派风格。高技派从字面意义上可以通俗地理解为高级技术风格设计，高技派也被叫作重技派，其最主要、最突出的设计特点是极力表现出现代工业技术的成就，其目的显而易见，就是要在室内环境设计中加以炫耀，强调工艺技术与时代感。高技派克服现代主义的教条性和单调性，追求自己个性化的设计语言和形式运动，恰好与一战后人们试图将最新的工业技术应用到设计中以满足对生活高质量要求的愿望不谋而合。因而，高技派设计与艺术站在同一战线，巧妙地将结构和艺术有机结合在一起，如高技派风格的代表作品——蓬皮杜文化艺术中心，通过灵活、夸张和多样化的概念与设计语言拓展人们的思维空间，使结构和技术本身成为高雅的"高技艺术"。

高技派有其独特的风格特点，主要表现在以下几个方面。

1)内部构造外翻：高技派善于将通常室内结构放置在建筑的外表，暴露出内部构造和管道线路,将工业技术特征外露。

2)表现过程和程序:高技派利用技术的形象来表现技术,在设计中不仅显示构造组合和节点,而且通过对诸如电梯等机械装置的透明处理来表现机械运行,向受众反映工业成就,强调机械美,像蓬皮杜艺术中心、香港汇丰银行,其所反映的室内设计就是一种纯机械的内部空间,所有的关系全部暴露,如同人体透明的经络。

3)注重色彩、图案装饰:高技派善于利用红、蓝靓丽的原色系列,配以图案,制造对视觉的冲击,将醒目的图案运用在室内局部或裸露管线上,使平淡无奇的形式瞬间变得光彩照人。

4)探索新材料:高技派不断探索各种新型材料和空间结构,着重表现物体框架、构件的轻巧,高强度钢材、硬铝、塑料和各种化学制品常被高技派用作物体的结构材料,建成体量轻、用量少、易快速装配、拆卸和改建的建筑结构和室内空间。

5)强调透明和半透明的空间效果:高技派的室内设计喜欢用透明的玻璃、半透明的金属网、格子等来分割空间,以形成室内层层相叠的空间效果。

6)倾向于光滑的技术表现:抛光镀铬的金属板、光滑的珐琅板、铝板和平薄钢板都是高技派常常使用的表面材料。

7)强调系统设计和参数设计并把技术的功能性和高效性与艺术的象征性完美地结合在一起。

6. 简约风格。简约主义又称极少主义或极简主义,它起源于美国20世纪60年代的极少派抽象绘画,而简约主义风格在室内环境设计中则真正兴起于20世纪80年代。作为新现代主义设计中的一个重要流派,简约主义的影响颇为深远,成绩也尤为突出。

简约风格大体特征有以下几点:一是室内结构简单明晰,空间通透流畅,整体布局合理;二是材料精简,反对无谓的材料消耗,突出材质自身的特点和装饰效果,经常通过不同材质的对比运用达到雅致脱俗、时尚明快的效果;三是室内空间表面处理纯净,通过色彩、光线的对比,营造简洁、纯化的时尚空间效果;四是造型简洁、直观,多采用结构清晰的几何轮廓和纯粹冷静的抽象形式;五是贯彻"简而精"的设计思路,注重细节的处理,通过别出心裁的细节突出,达到简单而不简陋的视觉效果;六是注重整体室内环境的和谐统一,无论在家具的配置还是在装饰品的摆设上都是经过精心的推敲和思考;七是在设计中充分运用人机工程学的理论与方法,以人为本,设计合乎大众需要的室内环境;八是在设计中积极贯彻和推广能源节约、环境保护等可持续的价值观。简约主义风格已牢牢占据了室内设计的主流地位,而且随着可持续发展观念不断被人们接受和采纳,新的世纪简约主义很可能还会有着更强劲的发展势头和更完善的发展方向。

7.装饰风格。"装饰艺术"风格起源于 20 世纪 20 年代在法国举行的一次国际装饰艺术与现代工业博览会,后传入美国各地。美国早期兴建的不少摩天大楼都是采用这种风格来装饰的。这种风格主要体现在用图案和几何线条,重点装饰建筑内外檐口、门窗及建筑腰线、顶角线等部位。从其特点来看,实质上是 20 世纪初欧洲流行的"新艺术"风格装饰手法的延续。

装饰风格的表达形式是多种多样的,它常常随着设计师的流派倾向、时代精神、物质技术条件等而呈现出不同的外表。比如,它和后现代主义风格结合在一起的时候,其装饰风格就常常披着古典传统样式的具体形象或象征性符号的外衣;当它和高技派风格结合在一起的时候,它又会换一件光滑的金属板和鲜艳的原色所拼织成的外衣。

装饰风格在室内环境设计中的特征可以概括为:一是提倡技术以外的装饰作用,反对单调、乏味的"少就是多""装饰即是罪恶"的无装饰设计;二是注重装饰的趣味性、象征性,强调通过装饰来丰富室内环境的内涵和营造意境美的作用,反对无意义、多余的装饰;三是倡导装饰形式的多样化和可变性,反对教条化、程式化的装饰形式。装饰风格虽然不像其他一些流派有着鲜明的个性特征,但它与时俱进的发展轨迹和人们对美的永恒追求预示了它在未来广阔的发展空间。

8.回归自然风格。随着可持续发展观的提出,人们开始意识到人类生存环境对其自身的重要性,人们的环境意识更加强化,更加系统化,对室内环境设计也提出了回归自然、绿色设计的要求。同归自然风格也就是在这样的社会历史背景下应运而生的。

室内设计回归自然风格有表层和深层两个层次的含义。从表层看,回归自然风格考虑室内环境与自然环境的互动关系,将自然的光线、色彩、景观引入室内环境中,营造绿色环境,以满足人们回归自然的心理需求。从深层看,回归自然风格还要将绿色的、生态的、可持续的设计理念与设计手法贯彻运用到设计的全过程中去,创造出自然和谐、生态环保的室内环境,为人与自然真正长久地和谐共存这一目标而奋斗。因此,回归自然风格不仅是对设计语言形式和技术的考虑,更是一种设计理念和设计思想上的变革。

回归自然风格在室内设计中呈现出独特的"绿色"风格特征:一是充分利用自然条件,通过大面积的窗户和透明顶棚引进自然光线,保持空气流畅,利用太阳能解决蓄热供暖问题;二是造型形式和界面处理简洁化,减少不必要的复杂装饰带来的能源消耗和环境污染问题;三是强调天然材质的应用,通过对素材肌理和真实质感的表现创造出自然质朴的室内环境;四是以自然景观作为室内主题,通过绿色植物的引入来净化空气、消除噪音,改善室内环境与小气候,通过自然景观的塑造给室内空间带来大自然的勃勃生机,松弛、平缓人们的情绪,增添生活的情趣;五是在设计中充分考虑和开发材料的可回收性、可再生性和可再利用性,真正实现可持续的室内设计。

回归自然风格是传统设计价值观向新设计价值观的过渡,尽管它的声势并不十分浩大,但它却是20世纪末众多设计风格中最具影响的风格之一,因为它所倡导的生态价值观是未来设计思想发展不可违背的准则。

二、居住空间环境设计

居住空间是与人们关系最为密切的室内空间,住宅空间设计的好坏不仅影响到使用者在家中的休息效果,还会间接影响到人们工作学习时的精神状态和效率。

(一)普通住宅空间环境设计

1.使用功能与空间计划。住宅的基本功能包括睡眠、休息、饮食、盥洗、视听、娱乐、学习、工作、家庭团聚、会客等。设计时要依据各种功能特点的不同来合理组织空间、安排布局,做好空间的静动分区、公共私密分区的合理规划。

2.精神功能与整体风格。室内空间在满足了人们使用功能要求的基础上就要开始对精神功能要求进行考虑。住宅精神功能的影响因素比较多,有地域特征、民族传统、宗教信仰、文化水平、社会地位、个性特征、业余爱好、审美情趣,等等。整体风格与装饰设计是室内设计的灵魂,它对设计中的各个细节,如色彩的搭配、材质的运用、装饰语言的表现形式、家具的配置和家居织物的选择等都起到指导性和统领性的作用。

3.主要功能空间的设计。

1)起居室:起居室是居室空间中使用频率最高的空间,它在整个居室空间

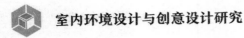

中居核心和主导地位。它的主要功能有会客、休息、视听、娱乐,聚会等。

2)餐厅:餐厅是家居空间中家人用来就餐的空间,它的形式较灵活,可以是独立的餐厅,也可以是与起居室在一个大的空间里,划分出餐厅的区域,也可以与厨房相结合,形成开放式的厨餐合一的空间。

3)厨房:厨房是家居空间中使用频率较高的空间,它的主要功能是备餐和餐后整理。

4)卧室:卧室是家居中最私密的空间,它的主要功能是睡眠休息,也可以兼有学习功能。卧室根据使用者的不同可分为主卧室、次卧室、客房等。

5)书房:书房是家居中读书工作的地方,也属于私密安静的空间。书房的主要功能分为一般书房和工作室。一般书房能满足学习功能即可,而特殊专业人士,如画家、设计家、音乐家等,他们的工作室会根据不同专业特点来设计不同的功能空间和工作设施与家具。

6)卫生间:卫生间空间与卧室的空间一样,私密性要求较高,它的功能是处理个人卫生等。

(二)别墅空间环境设计

别墅设计是在一般居住空间设计的基础上要求更加个性化和私密化,整体设计的档次相对也要求更高,同时更应注意庭院环境与室内环境的互动交流与融合。

别墅一般包括起居室、客厅、卧室、餐厅、娱乐室、浴厕、盥洗室、储藏室等,在规模较大的高档别墅中还包括门厅、中庭、敞廊、旋梯、楼梯间、跑马廊、客房、化妆间、餐具室、洗涤间、酒吧、室内游泳池、车库等。

从设计手法上来说,别墅的一个重要特点是十分重视封闭性与开敞性关系的处理,更注重开敞手法的运用。除去必须而有限的私密空间外,要在最大限度上沟通人与外界大自然的联系,做到"室内设计室外化",强调人与室外的通透关系,在视觉上、心理上、生理上都能体会到庭院景观和自然风景的审美情愫,体验到生态和绿色的设计美感。

三、公共空间室内环境设计

(一)旅游室内环境设计

在经济发展和产业转换的簇拥下,旅游业的发展已成不可逆转之势,而作为其服务支柱的旅游建筑业随之迅速兴起。现代旅游建筑,如酒店、饭店、宾馆、度假村等与传统的旅游建筑互为补充相得益彰,不仅都具有环境优美、交通方便、服务周到等特点,更重要的是顺应了世界文化交融的时代要求,传播着旅游文化。从室内空间设计的角度上讲,尽管各地的自然地理条件不同,却相互渗透着各异的文化气息。特别在反映民族特色、地方风格、乡土情调、结合现代化设施等方面予以精心考虑,令游人在旅游期间既享受了舒适生活,同时也了解了异国他乡民族风情,扩大视野,增加新鲜知识,从而达到丰富生活、增加审美愉悦的目的,赋予了旅游活动游憩性、知识性、健身性等内涵。

1.酒店设计的特点。酒店设计的特点包括以下几点:一是表现当地自然环境特色和历史文脉的传承;二是突出酒店的商业功能特性;三是创造返璞归真的室内生态环境和充满人情味消费环境;四是创建高品位的室内空间设计风格与格调;五是创立酒店的文化概念,令客人流连难忘。

2.酒店大堂的室内设计。酒店大堂是酒店的门面,它是酒店最重要的厅室,它和门厅直接相连,是给旅客第一印象和最后印象的地方,是酒店的窗口,为内外旅客集中和必经之地。因此,大多的酒店均把它视为室内装饰重点,集空间、家具、陈设、绿化、照明、材料等之精华于一厅。很多酒店都把大堂和中庭相结合成为整个建筑之核心和重要景观之地。大堂设计的成与败直接影响酒店的整体形象。

3.酒店中庭的室内设计。酒店中庭的设计和我国传统的院落式建筑庭院布局有异曲同工之妙,中国北方传统四合院中的庭院,其特点就是形成了建筑内部的室外空间即天井,这种和外界隔离的绿化环境,因其不受院落外部的干扰而能达到真正的休息作用。在天井中,围绕它的各室也自然分享其庭院景色,这种布局形式为现代建筑中的中庭所汲取并有了进一步的发展。酒店的中庭就是非常有代表性的室内设计室外化的共享空间,它为酒店的旅客在心理和生理上都能带来愉快的心情。

中庭式的共享空间有以下几点功能。

1)室内外空间的互动与补充:酒店内部空间的封闭性确实给旅客带来了很多的心理与生理上的障碍。社会发达程度越高,自然越显得更加可爱,人工材料越多,更觉天然材料宝贵,人们在酒店里虽然时间不长,可渴望与大自然亲近的天性却丝毫不会减少,他们希望看到绿色、水景和山石,而中庭空间的设立正是满足人们这种需求的功能空间。

2)旅客心灵的沟通空间:中庭是大堂和客房、餐厅等空间的过渡空间,是旅客与朋友聊天和等待就餐及等待办理其他事情的临时休闲场所。中庭是旅客进入酒店的生理需求空间,因为作为社会的人,有共同交流、将个人融化于集体中的愿望和习惯,中庭的设立给旅客们的心灵沟通提供了广阔的舞台。

3)空间与时间的对话:一般星级酒店的观光电梯大多与中庭相接,在中庭空间里小憩片刻,能看到透明观光电梯的徐徐升降,听到身边绿化美景潺潺流水的音符,这种动与静的对比会带给旅客不少活力与生机,同时,多层次的空间也给酒店提供了多端俯视景观的变化情趣。

4)壮观与亲切的组合:中庭的高大尺度、巨大的空间并不使人望而生畏,因为在那里有很多小品的点缀与绿化的打扮,大空间里又包含小空间,所有这一切都起到柔化和加强抒情的作用,使人感到既宏伟又亲切,壮美和柔美相结合。

在一般星级酒店的中庭中通常具有贯通多层的高大空间,作为该建筑的公共活动中心和共享空间,在设计中布置绿化景观、休息座椅等设施供客人休息会客。酒店中庭对改善整个酒店的建筑环境、创造亲近自然的机会、促进人际的交流、丰富室内空间的多样性活动都起着重要的积极作用,作为中国的建筑装饰设计师有责任继承和发展我国庭院式的建筑空间环境,而且应尽可能地从酒店、大型公共建筑的中庭空间设计,逐步推广到与人民生活更为密切的大量的公共建筑中去,这样才是"以人为本"设计观念的具体体现。

4. 酒店客房的室内设计。客房是酒店重要的私密性休息空间,是"宾至如归"的直接体现。旅客经过一天的参观旅游就会非常劳顿,回到酒店最主要的任务就是休息睡觉,要有一个舒适放松静谧的休息环境,所以客房的设计定位应放在房间的休息功能上。

1)酒店客房分类:酒店客房的种类一般分为标准客房、单人客房、套间客房、总统套房等。标准客房和单人客房分别摆放两张单人床和一张单人床;双人客房则是放一张大的双人床。套房按不同等级和规模,有相连通的二套间、三套间、四套间不等,其中除卧室外一般应考虑设置餐室、酒吧、客厅、办公或娱乐等房间,也有带厨房的公寓式套间。酒店的总统套房是星级酒店装饰最豪华的客房,价格昂贵,一般接待的是贵宾级客人。

2)客房的设计要点:客房的室内设计应以淡雅宁静、温馨质朴的装饰为原则,给旅客一个舒适温暖的休息环境。设计一定避免烦琐,家具陈设除功能规定外不宜多设。应主要着力于家具、织物的造型和色彩的选择,给顾客心理上和生理上带来审美愉悦。

客房的空间分割一般应按国际通用标准,不需再随意处理。由于普通客房和一般套房的面积不大,三大界面的装饰处理也就比较简洁,墙面、天棚一般进行整平处理后刷乳胶漆或贴环保型的墙纸,地面一般为铺设地毯或嵌木地板。客房的整体色调一般以浅暖色调为主,运用大统一小变化的规律加以对比色的调和,使之温馨亲切。

客房的灯光处理应简洁柔和,照度要低于一般工作环境。设落地灯、床头灯、台灯、地灯。一般不应设天棚吊灯,豪华总统套房除外。

卫生间的设计重点应放在防潮、防滑和通风上,这是对旅客关怀的最直接的体现。

3)酒店的基本房型配比和尺度:酒店的基本房型配比和尺度见表1-2(仅以酒店200间/套客房为例)。

表1-2 酒店基本房型配比和尺度

序号	房型类别	房型数量(间或套)	房型所占比例/%	房型面积/m²	床型尺寸/mm
1	普通双人间	120~130	60~65	24~26	1100×2000
2	普通标准单人间	25~30	12.5~15	18~24	1100×2000 1300×2000
3	商务套间或一般套	24~32	12~16	36~48	1300×2000 1600×2000
4	高级套间或总统套间	2~3	1~1.5	48~300	1600×2000 2000×2000
5	连通间	10~12	5~6	42~48	1100×2000
6	残疾人间	1~2	0.5~1	22~24	1300×2000

5.酒店的酒吧设计。酒吧是一种纯粹为旅客提供宜人的休憩娱乐放松的室内空间,其空间的个性与私密性强,一般酒店均设有空间布置灵活、装饰造型表现性强的酒吧区域。酒吧一般常独立设置,也有在餐厅、休息厅等处设立吧台的小酒吧。

酒吧的设计理念如下:酒店酒吧的设计除了满足酒店旅客的消费需求,更重要的一个消费热点是接待社会的消费者,酒店酒吧与社会上的独立酒吧相比具有环境幽雅、安全的优点,颇受酒店内外的消费者欢迎。

酒吧的消费功能是给人一个放松、宣泄、忘我的环境,对于酒店的旅客,疲劳了一天需要喝酒聊天,放松一下身体。

从整体空间的功能分割、色彩的处理、空间容纳人数的计算、静吧与闹吧的整体划分,酒吧导入的文化概念、三大界面的造型设计、材质的选择、灯光的变化、陈设的造型问题,设计者都应有科学的表达和阐述出酒吧这个给人带来欢乐和喧闹的休闲环境。①

6.酒店餐饮空间的室内设计。酒店的餐饮空间指能为旅客提供各种饮食的相关服务空间。酒店餐厅一般分为中、西餐厅、宴会厅、雅座包厢等餐厅的服务内容,除正餐外,还增设早茶、晚茶、小吃、自助餐等项目。

中式餐厅的用餐布局基本符合传统围合成席的空间布置特点,装饰造型与色彩设计以及设计手法多借鉴中国传统建筑中的视觉元素与象征符号以及传统色彩。

西餐厅的设计从空间和家具的布局上就明显地与中式餐厅不同,西餐厅的功能布局与西方人的饮食习惯相关联。双人座、四人座与多人条桌是西餐桌椅陈设的特有形式,其中以四人座为主体。设计形式与装饰特点多为欧式古典设计风格的文脉传承。色彩追求是在整体的协调中有瑰丽华贵,常常习惯橙色调,这与色香味美俱全的美食感官相吻合。

宴会厅与一般餐厅不同,常分宾主,执礼仪,重布置,造气氛,一切按秩序进行。因此,室内空间常做成对称规则的格局,有利于布置和装饰陈设,造成庄严隆重的气氛。宴会厅还应该考虑在宴会前为陆续来的客人聚集、交往、表演、休息和逗留提供足够的活动空间。

餐厅、宴会厅的设计原则如下:第一,空间组织与面积分配要合理适当。餐厅的面积一般以$1.85m^2$/座计算,面积太小会造成拥挤,面积过大易浪费空间和增加服务员的劳作时间和精力;第二,动线流畅尺度适宜。顾客就餐活动路线和供应路线应避免交叉,送饭菜和收碗碟出入也宜分开;第三,设计风格和装饰特点要充分考虑酒店的地域文化和风土人情特色;第四,做到室内设计室外化,将生态化、绿色化、环保化贯穿在酒店设计的始终;第五,室内色彩符合用餐的视觉生理审美习惯,使人处于从容、宁静、舒适的状态和具有欢快愉悦的心境,以增进食欲,并为餐饮空间创造良好的环境;第六,室内空间应有良好的声、光、热环境。装饰材料要选择耐污、耐磨、防滑和易于清洁的材料。

(二)商业室内环境设计

商业建筑的室内环境设计既要体现出一定的城市文化,又要从对顾客认

①郭丽慧,郝好.色彩与装饰材料在酒吧空间的表情与精神[J].神州,2012(17):1.

识、情绪、意识等心理活动过程的分析入手,通过合理布局与良好的声、光、气、温等物理环境,设计出得当的视觉引导和流通路线,创造人性化、舒适化的购物环境,满足购物者的生理及心理需求,进而激发人们的购物欲望。

1.商业室内空间的设计原则。商业室内空间的设计原则为:第一,商业空间的设计规划和装饰主要取决于该商场的经销形式特点和购物消费群体的服务需求,设计的根本点就在于处理商场和消费者的互动关系,使消费者在商场内得到体贴关怀,可以轻松、方便、自由地购物;第二,在设计中充分体现商业空间的基本功能。商业空间的基本功能有展示销售功能、广告促销功能、服务顾客功能、宣传企业文化功能;第三,商业内部空间动线流畅,符合顾客购物流动的人体工学基本数据。提供明确的购物导视招牌和安全疏散通道的标志;第四,声、光、热、电的设计符合国家设计和防火标准,为消费者营造舒适安全的购物环境;第五,商品展示陈列货柜的造型、色彩、材质的设计既要简洁时尚、功能形式完美,又要符合人性化、生态化、环保化;第六,创造性地运用电子科技,增加展示箱、广告墙、固定装置的可移性都是营造和谐购物气氛的重要设计因素。

2.商业主要功能空间设计。

1)商场营业厅设计:营业厅的室内设计总体上应突出商品,激发购物欲望,即商品是"主角",室内设计和建筑装饰的手法应衬托商品,从某种意义上讲,营业厅的室内环境应是商品的舞台背景。

(1)营业厅的柜面布置方式:一是闭架。适宜销售高档贵重商品或不宜由顾客直接选取的商品,如首饰、高档化妆品、药品等。二是开架。适宜于销售挑选性强,除视觉审视外,尚对商品质地有手感要求的商品,如服装、鞋帽等。由于商品与顾客的近距离接触通常会有利于促销,目前,很多的商场采用开架经营,符合人性化设计。三是半开架。商品开架展示,但进入该商品局部领域却是设置入口的。四是洽谈区。某些高层次的商店,由于商品性能特点或氛围的需要,顾客在购物时与营业员能较详细地进行商谈、咨询,采用可就座洽谈的经营方式,体现高雅和谐的氛围,如销售汽车、家具等。

在商业空间设计上要充分体现顾客和营业员的人体尺度、动作域、视觉的有效高度以及营业员和顾客之间的最佳沟通距离。

现代商业建筑的营业厅通常把柜、架、展示台及一切商品陈列、陈设用品统称为"道具"。商店的营业厅以道具的有序排列、道具造型、色彩的创意设计来

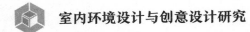

烘托和营造购物环境,引导顾客购物消费。

(2)商店营业厅的空间动线分割与视觉导引。

第一,商场营业厅的动线设计主要注意两点:一是购物动线的设计;二是安全疏散的动线设计。购物动线设计要使顾客顺畅地浏览商品和到达商品柜,尽可能避免单向折返与死角,从而让顾客能自由轻松地通过和返回。安全疏散动线设计主要是满足顾客自由轻松地进出,遇有紧急情况能安全快速地疏散。

第二,商场的视觉引导系统的设计是体现人性化设计的重要标志,商店营业厅内视觉引导的方法与目的主要是通过将柜架、展示设施等的空间划分,作为视觉引导的手段,引导顾客动线方向并使顾客视线注视商品的重点展示台与陈列处;通过营业厅地面、天棚、墙面等各界面的材质、线形、色彩、图案的配置引导顾客的视线;采用系列照明灯具、光色的不同色温、光带标志等设施手段来进行视觉引导。

2)精品专卖店的设计:精品专卖店的设计要求空间的划分和展示台架的设计要有很高的设计美感,因为精品店不是一间一般商品销售区域,它应让消费者在购物过程中得到美的愉悦享受。要把人体工学规律性的尺度数据转换成不同顾客所需求的个性化尺度数据,这样才能满足不同身高、不同性别、不同年龄层次的消费顾客便于拿取商品。在精品区域里购物,货架和展台设计必须要始终遵循人性化的关怀设计,哪怕是一个小小的局部都要细心去体会消费者的感受。

好的精品销售空间设计不能只停留在界面的硬设计上,还要多考虑软设计因素的心理作用。精品专卖店和谐的购物气氛是靠室内空间中多种设计因素整体构成的,比如,色彩、灯光、材质的肌理效果的精心设计等,另外,背景音乐对于和谐氛围起的作用也很大。

3)超级市场的空间设计:超级市场的空间布局最大的特点在于不同的商品区域划分泾渭分明,广告媒介宣传明确,货架整齐划一,根据不同商品的结构特点设置不同功能造型的陈列柜架,造型设计风格基本统一。POP广告布置生动灵活,价格表明确到位。

超级市场中的动线设计和流通通道都比一般普通商场的尺度宽松通畅,一般要考虑顾客的手推车的占用尺度。货架的高度设计要满足顾客轻松接近商品的购物域,同时,商品的分布应考虑到顾客的连带消费关系。

超级市场以其自选商品的特点给消费者带来方便的同时,也给商场业主的商品安全性带来不安全因素,所以,商场空间中的监视和报警系统的设计也是超级市场的重要设计内容之一。

(三)办公室内环境设计

1.办公空间的功能分类。办公空间根据功能性质区分为:

1)行政类办公用房;

2)商业类办公用房;

3)综合类办公用房。

行政类办公空间指各级政府机构、事业单位、工厂企业的办公空间;商业类办公空间是指商务写字楼的办公空间,比如,保险、金融、贸易等行业的办公空间;综合类办公空间指除具有办公功能外还具有其他功能的办公空间,如商场、餐饮、娱乐和办公楼相结合的办公空间。

2.精神功能和设计要求。办公空间的设计首先要求具有秩序感、简洁明快感和时代感;其次要充分考虑各办公人员工作的性质、特点和内在联系,办公楼体内部空间要交通流线明晰,有利于通行和安全疏散。各装饰界面的装饰处理和色彩设计以及照明要符合办公空间的特点以及办公人员的视觉要求,整体格调应以淡雅明亮为主。

3.主要功能空间的设计。主要功能空间的设计包括开敞型办公室、会议室、接待室、高级管理人员办公室等。

(四)学习空间的环境设计

学习空间是指人展开学习活动的建筑内部空间环境,一般指学校、图书馆的学习环境。

学习空间的设计原则应是以营造能提高学习效率的室内环境为目的,装饰简洁高雅,有合理的流线布局,天棚墙面充分考虑吸音效果,照度充足符合学习者的视觉要求,避免过强过弱的灯光,一定要注意不能出现眩光的照明点,座椅要符合人体工学的设计标准,使学习者在长时间的学习工作中不易感到疲劳。

(五)观演室内的环境设计

剧场、电影院、音乐厅等以娱乐为中心的视听建筑是人们进行社交、享受娱乐、调剂精神和休息的重要场所。观演室内环境就是要营造舒适、和谐的集体娱乐氛围,感染人们的情趣,使人们从紧张的现代生活节奏中解脱出来,以得到心灵的舒缓、精神的愉悦。在视听建筑内部空间的设计中应注意以下几个问题。

第一,视听空间中首先确保视听活动安全地进行,视听空间中的交通组织应有利于安全疏导。通道、安全门等都应符合相应的防灾标准。所有电器、电源、电线都应采取相应的措施保证安全。织物与易燃材料应进行防火处理。

第二,视听空间应尽量减少周边环境的不良影响,要进行隔音设计处理,防止对周边环境造成噪声污染。视听空间的声学设计是一项非常重要的内容,室内界面的结构和装饰材料的运用都要符合声学的要求。

第三,创造高雅的艺术氛围,用独特的风格给观众留下深刻的印象。欣赏各式各样的艺术表演,既有娱乐性又有教育性。精彩的艺术表演应与高雅的空间环境相协调。所以,在设计中不论在设计风格上还是设计语言形态上,都要考虑室内整体文化气息的表现和营造。

第四节 人性化视角下室内空间设计的适老化研究

随着我国经济发展水平的提高、医疗服务模式的发展和医疗理念的更新,大型综合性医院的科室设置和病房分类更加科学,老年病科的发展在综合性医院也逐渐受到重视,老年医疗服务模式已在全国引起高度重视。与此同时,立足于老年人健康促进、慢病管理、危急重症救治、中长期照护、舒缓治疗和临终关怀等服务的老年病医院也逐渐兴起,例如,北京老年医院、郑州老年医院等。

护理单元作为老人医疗建筑中的核心设施,是老年人在医院诊疗过程中停留时间最长的场所。因此,老年护理单元应建立在满足老年患者康复期间的心理和生理等各方面的需求、减少老年患者的痛苦和反感、调节老年患者心理状态的基础之上。我国老年护理单元建设还处于起步阶段,护理单元的环境质量与国外有一定差距,有必要加强我国综合医院及老年医院老年护理单元"人性化"设计方法研究。

一、老年患者对护理单元的需求

1.生理需求。由于老年人群疾病多发,健康状况一般较差,行为能力退化,因此,医疗环境等硬件设施上要求无障碍设计。各空间规划要考虑老年人身体状况,在安全的前提下,以尽可能地为他们提供方便为主要目的。

2.心理需求。通常老年人在患有疾病之后,心理需求比在家里更高,更需要得到关爱,因此,老年护理单元空间布局和各个空间环境设计在保有私密性的同时应能够缓解老年人孤独、失落、焦虑的情绪。同时,老年人也有很强的与社会交往的意愿,且老年人住院周期都比较长,所以在设计护理单元空间环境时要在有限的空间环境内给老年人创造与他人交往的机会。在信息与交流方面也要为老年人提供方便。

3.疾病治疗需求。相比中青年人,老年人在疾病治疗方面其人性化要求更高。需要创造充满"高效率高情感"的医护环境。美国 Healthcare Design 杂志载文指出,由于老年疾病是由于衰老和老化所引起的身体内的一系列生理和病理变化,有些疾病是不可短期治愈或不可治愈的,在这种情况下,为老年人提供一个使其"欢乐"的环境是非常重要的。老龄患者医疗护理环境的"家居化"设计可以给予老年人家的温暖、舒缓心理焦虑、改善精神状态、提高疾病治愈效率等,是医疗护理环境发展的方向之一。

二、老年护理单元人性化设计

护理单元通常的组成功能空间包括病房、护士站、廊道、患者活动室、医疗辅助用房、污物间、交通用房等。老年护理单元的行为主体包括老年患者、医护工作人员、患者家属。以下以老年患者的需求为中心,对与老年患者密切相关的几个功能空间进行设计分析。

(一)病房

总体上,要求护理单元的规模根据不同国家、不同时期、不同经济水平有着不同的区分和界定。而老年护理单元由于其护理行为的特殊性,则要求具有比普通护理单元更为高效的小规模病房群。

1.病房空间设计老年护理单元应以设立双人病房为主。双人病房模式既能满足老年人交流的愿望,同时还可以获得所期望的安全感和私密感。考虑到病人的经济能力和收治病人数,还可辅设三床间、六床间及单人高档病房,以供不同阶层、不同情况的老年患者选择。多床间的私密性可以采用滑动幕帘或推式墙壁进行分隔来解决,这样灵活的分隔方式同时还能满足老年人的社交需求。病房尺度取决于护理程序所需的工作空间、病床的转变半径和轮椅等所需的面积。按英国 Nuffield 的研究,每床最小使用单元面积为2500mm*2900mm。而目前,每间病房开间多为3300mm ~ 4200mm,进深多为5700mm ~ 8400mm,病房层高多在3500mm ~ 3600mm。

2.视线设计是病房设计需要考虑的另一个重要因素。考虑到老年病人的特殊护理,病房卫生间的设置要保证监护无死角,这样不仅可以方便护士从病房门的观察窗观察病人的面部表情,同时也能给老年病人带来安全感。老年患者强调自己的空间范围,在设计病房时应尽可能地设计可以全方位欣赏景色的靠窗位置和病床设施。在美国,一些医院为了使老年护理单元病房更加人性化,将原有正常病房的三个区域发展为老年病房的五个区域,分别为患者区、患者辅助设施、医院支持区、家庭支持区,允许其家属一起入住病房。

3.门的设计。门的设计与病房有关的设施要适合医护需求,并根据老年病人的需要,借鉴人体工程学,做到设计"无障碍"。病房门的设计一般采用一大一小的双扇平开门,足够宽大,开启方便,把手要适合老年人抓握。病房门上设置供医护人员使用的观察窗,让医护人员能够及时观察病人情况。

4.卫生间的设计。卫生间是病房内老年患者必要的基础生理需求空间,由盥洗、厕位、洗浴三个部分组成。洗面器、坐便器、淋浴器、辅助设施的设置位置、尺寸、样式都应充分考虑老年人特殊的生理需求。例如,老年患者使用的洗面器应为悬挑型,洗面器的高度应高于普通洗面器。这样适合坐轮椅的老年患者使用,也可避免非坐轮椅老年患者使用时过度弯腰。考虑老年人握力降低,洗面器上水龙头应设计为感应式或掀压式的开关把手。洗面器旁边需设扶手,扶手可兼做毛巾挂杆。老年患者使用的坐便器周围应该留有轮椅可以自由旋转(90°、180°、360°)的净空间,最好留有护理人员可以提供帮助的空间,最低尺寸400mm～600mm。老年人腿部肌肉力量衰退,因此,坐便器的高度应相对高些,以减轻下蹲时腿部的负担。普通坐便器高度约300mm,老年人则应使用高约430mm的坐便器。若给乘轮椅的老年患者使用,坐高应为500mm左右。普通坐便器不够高时可在上面另加座圈或在下面加设垫层。经济条件允许时,卫生间应安装温水净身风干坐便器,适合自理能力差的老人。

5.色彩的设计。因疾病而入院的老年患者,其生活大部分局限在医院病房中,病房就是他们在医院的"家"。若在"家"中整日看到的是单调的颜色,势必会影响到他们的心情,进而影响到身体的康复。适度的色彩和材质对比可以提供适宜的视觉刺激。对于老年患者这一脆弱的病人群体而言,更应关注精神和心理的安抚。病房中建议以原木色为主色调,具有温馨感的浅色为辅色。注意色彩的搭配应丰富、具有层次感而不杂乱,以营造一种"家居"氛围。

6.照明设计。首先,充分而合理地利用好自然光。自然光可以强化人的生理节律,杀死有害细菌,有益于老年患者的康复;其次,病房灯光的设计要合理运用基础照明和局部照明。太亮、太刺眼就会影响睡眠,太暗又不利于夜间治疗操作。病房的基础照明要求光线柔和,营造宁静温馨的诊治环境,避免对老年患者产生过度的视觉刺激。局部照明适当提高照度,范围在100lux ~ 300lux之间,主要供医护人员进行医疗操作和老年患者阅读、娱乐之用。

(二)护士站

护士站的位置设计,对病房布置、医疗护理效率和老年患者的心理都有直接的影响。考虑到老年患者需要更加频繁的护理、照顾,为减轻护士的工作强度,增强医疗护理的质量和效率,应设计以护士站为中心,到最远病房不超过25m的护理单元空间。护士站宜采用开放的岛式布局,在视觉上起到良好的导向和标志作用,同时具有较佳的监护优势。局部应设置无障碍低位服务台,方便坐轮椅或驼背老年的患者前来咨询。家具造型设计可多样化,材料质感温和,色彩搭配个性,配以鲜花、绿色小植物等家居化的陈设。营造轻松愉悦的氛围,缓解老年患者看病求医的紧张心情。

(三)廊道

医院老年护理单元的走廊首先要满足功能需求,通过连续靠墙扶手、地面选材等来保证老年患者顺利通过;其次,廊道应该是一个老年人积极与外界互动的空间,通过多种手段鼓励老年人走出病房参加各种康复和社会活动。例如,在廊道设置座椅或小景观,作为老年人们休息和交流的场所。

廊道的色彩设计需有连续感,具有指引性。各路口、房间口要明确设置指示标志系统。为了方便老年患者阅读,标志中的文字要适当放大,字体规范、清楚;图案标志的色彩对比要明显;图形设计应简洁、直观。标志导向系统除了实用功能之外,还应该能够对老年患者的不良情绪起到缓解作用。廊道照明设计要注意自然光与人造光的多层次运用。合理搭配冷暖光源,多路控制,多运用柔和的反射光和漫反射光来照明,避免直射产生眩光。

(四)病人活动室

病人活动室作为护理单元的活跃因子,十分必要。首先,功能设置方面,可以设有老年病人的健身房、棋牌室、咖啡吧等娱乐休闲设施;其次,活动室的位置应设置在通风良好、阳光充足、空气质量良好且易于被护士站的护士观察到的地方;最后,通过室内设计,从环境色彩的设计、材料的搭配、家具的设置等几个方面呈现与病房空间截然不同的氛围,并注重绿色植物与景观小品的添加,将自然元素引入室内,激发老年患者战胜疾病的信心。

在"以病人为中心"的医疗服务准则下,医院有责任为患者创造良好的医疗环境,给予其最佳的爱护。由老年人生理、心理、患病的特殊性切入,结合设计规律研究老年护理单元各空间人性化设计是十分必要的。要兼顾护理空间平面形态的高效率、护理空间的无障碍、护理环境的舒适性等几个方面,满足老年患者康复期间的心理和生理等各方面的需求,为其创造出舒适的、可持续发展的医疗环境。

第二章 室内环境的界面设计

第一节 室内环境界面的设计

一、室内环境界面的设计概述

(一)室内环境界面设计特点

室内设计要与建筑的特定要求相协调,功能不同的建筑要有体现其功能特点的室内界面设计。室内界面设计要体现建筑本体功能性质的要求,界面设计的特点与建筑本体功能性质是有机联系的,不可简单割裂。有些不同功能的建筑内部空间往往存在使用功能相近或相同的功能区域和功能空间,所以在设计中也不能够一概而论。

(二)根据使用者的特点设计环境界面

装饰空间的目的是在其被使用的基础上满足使用者的心理需求,因而室内界面设计要注意使用对象的审美变化,根据不同空间的使用者的年龄、性别、职业、兴趣爱好、文化背景等个体差异,进行具有个性特征的界面设计。

例如,居室有成人、老人、儿童,儿童居室又可分为男童居室和女童居室。不同类别的人有不同的个性特征,应该有针对地采取不同的设计方案,营造出或稳重老成或幼稚天真的室内气氛,以塑造适合使用者的个性空间。

(三)要利用视觉规律设计环境界面

空间设计中,区域的规划是影响视觉规律的直接因素,而各界面的装饰处理同样具有不可忽视的作用。通常室内空间通过色彩的配置,图案、线型的处理,材质搭配,灯具造型、灯光明度的选择等,使空间界面丰富多彩、完整统一、富有特性。例如,某些商业建筑墙面采用镜面装饰,使局促的拥挤空间产生开阔延伸感;一些商场地面的图案与柜台的布置式样暗示出行走流线;还有一些场所用鲜明的色块,明亮精致的壁灯暗示楼梯口的位置等。

(四)利用装饰材料的质感和色感设计界面

质感粗糙的装饰材料表面给人以粗犷、浑厚、稳重的心理感受,反之则给人以细腻、精致、纤细、微弱的感受,这在体现空间使用特性和空间个性时有很强的表现力。另外,在质感处理上要注意质感均衡的问题。一般来说,大空间宜用粗质感材料,小空间宜采用细质感材料。大面积墙面用粗质感材料,重点装饰的墙面选用细质感材料。

质感的变化还应与色彩的变化均衡相称。一个空间里,如果色彩变化多,材料质感变化就要少;反之,如果色彩变化不丰富,那么材料质感变化要相对多一些。

(五)要注重整体环境效果、坚持经济实用的设计原则

任何事物都是由局部所组成的整体,尽管整体不等于部分简单的叠加,但事物局部的性质或特征的变化必然会对事物整体的效果产生一定的影响。就室内空间这一有机整体来说,其各个界面的装饰效果直接影响到整个室内环境的效果,因而,在个体界面设计时必须通盘考虑,要在保障整体效果的范围之内适度加以界面的个性化处理,个性化处理的结果要符合整体设计定位的大统一。

在室内设计中,应准确理解"美"的内涵,不能够把"奢华"与"美"混为一谈。镶金嵌银、珠光宝气的装饰设计有时不仅不会产生美感,反而会产生庸俗感,乃至令人反感。同时,奢华的装饰必然是以耗费重资为代价的,其做法不能不说有悖于装饰之本意。设计师不论设计什么档次的室内界面都应掌握一个原则;在同档次中,投入最少的资金,做出最好的设计,反映出最佳的设计文化品位。

(六)要充分考虑界面的装饰因素与技术性因素的相互配合

在室内空间的界面设计中,当选用不同的装饰形式、装饰手段时,必须要充分考虑房间构造的坚固程度。一味地追求装饰而忽略构造的安全技术性,势必将遗留安全隐患,降低安全系数,这种装饰结果往往适得其反。此外,设计还要考虑到具体实施中的施工难易程度,如果轻易地增加施工难度,一方面会造成人工的额外耗费,进而增加工程造价,另一方面也有可能会使得完成结果不能达到原设计的预期效果。

总的来说,室内空间的设计要在考虑美感的基础上,加强装饰因素与技术性因素的结合,充分考虑构造安全、施工便利等实际问题,真正成为以人为本的可行性界面设计。

二、天、地、墙的设计概况

(一)室内空间、室内设计的概念

室内空间要同时具备地面(楼面)、顶盖、墙面三要素。不具备三要素的,都不构成室内空间。

通常情况下,根据空间的不同层次可划分为开敞、半开敞的室内空间。譬如,希望扩大室内空间感时显然以延伸顶盖最为有效。

有时我们可以通过对地面、墙面的延伸来达到扩大空间的感觉,但扩大空间的方法主要是体现室外空间的引进,室内外空间的紧密联系。比如说在顶盖上开洞或墙面设置开窗,此种类型主要通过某些手法使室外空间进入室内,但也具有开敞的感觉。

室内界面设计指对建筑所提供的室内空间进行处理,在建筑设计的基础上进行空间尺度、比例、材质、色调的把握和设计,满足人们各方面需求,完成更新、更合理的内部空间的过程。多数时候,界面之间的边界是分明的,但有时也因某种功能或艺术的需要,界限不分明,甚至浑然一体。这是因为界面的艺术处理都是对形、色、光、质等造型因素的恰当运用。

(二)室内空间的功能与特性

1.功能。室内空间主要有物质功能和精神功能两种。物质功能主要是使用上的要求,其包括空间的占地面积、大小、安全、交通组织、疏散、消防、围合形状,适合的家具、设备布置等;精神功能则是从人的文化、心理需求出发,一般是创建与功能性质相符的环境氛围。

2.特性。通过建筑实体的限定而产生的室内空间是由许多具有不同性质的因素构成的,室外的空间环境与室内的空间环境总是有所区别的,室内外环境差异如表2-1所示。

表2-1 室内外环境差异

	室内环境	室外环境
主导因素	人工	自然
作用物体	人工因素(家具、地面)	自然因素(太阳、花草)

	室内环境	室外环境
本质特性	存在一定的局限性	无限性
对比变化	对人的视距、视角、视点有限制	有较强的明暗对比
光线构成	反射光、漫反射光和灯光	接受阳光直射
光线强度	弱	强

通过上面的表格我们可以清楚地看到,室内光线以反射光、漫反射光和灯光构成,一般没有较强的明暗对比,光线比室外要弱一些(当然也有一部分室内环境也可以接受阳光直射)。室外的物像色彩鲜明,室内则略显暗淡柔和。这些因素和特征对于我们室内环境设计是非常有益的。现代室内空间环境的构成因素包括照明、色彩、陈设等,对人的生活、思想、行为、知觉有着重要的影响,人在室内的一切活动都要与室内空间环境发生频繁关系,我们应充分利用自然材料、自然采光,重视室内环境设计的空间序列,合理利用空间,重视绿化,创造可持续发展的保障人与自然协调发展的室内空间环境。

(三)室内界面设计的类型与应用范围

1.室内空间的类型。

1)结构空间与共享空间:通过对建筑结构构件的部分外露做强烈的形式感设计,形成一种有象征寓意的空间形式来展现结构构思和营造空间美的环境,称之为结构空间。具有美感的构件本身就有较强的装饰效果,可以起到增强室内空间的艺术表现力与感染力的作用,在现代的室内空间设计中占有极为重要的地位。特别是新材料、新工艺的不断产生,使之成为现代空间艺术的重要表现手法之一。

共享空间是一种含有多种空间要素的空间形式,其形式表现为室内的多个序列空间与某一个空间连通,形成多个空间共享一个空间的构成样式。共享空间可以使室内环境显得灵活和宽敞,富于艺术性和感染力,其特点是外中有内、内中有外,通常将室外的景观特征引入室内,从而使室内具有较强的自然气息。

2)开敞空间与封闭空间:在室内空间中,与外部空间联系较多的空间,我们习惯上称之为开敞空间。与外部空间联系较少的空间,是相对于开敞空间而言的,我们习惯上称之为封闭空间,开敞空间与封闭空间的具体区别,可参见表2-2。

表2-2　开敞空间与封闭空间异同

	开敞空间	封闭空间
开敞的程度	无侧界面	有侧界面
空间感	流动的、渗透的	静止的、凝滞的
功能作用	提供更多的室内外景观和扩大视野	隔绝外来的各种干扰
使用上	灵活性较大	灵活性小
心理效果上	开朗的、活跃的	沉闷的
对景观关系上	收纳性的、开放性的	闭塞的
表现空间	公共性和社会性	私密性和个体性

封闭空间提供了更多的墙面,容易布置家具,但空间变化受到限制,同时,和大小相仿的开敞空间比较显得要小。在心理效果上,封闭空间常表现为严肃的、安静的或沉闷的,但富于安全感。在对景观关系和空间性格上,封闭空间是拒绝性的。

3)母子空间和悬浮空间:母子空间又称为大空间中的小空间,"母"是大空间,"子"是用实体或象征性手段在母空间(大空间)中限定出的小空间,其典型特征是大中有小、小中有大,可以起到强化空间层次的效果和丰富空间形态的作用。悬浮空间从字面意义上理解就可以看出是悬浮在空中的一部分空间,但要注意的是这个空间不是有物体在下方做支持,而是在上空有吊杆悬挂。这种设计手法在空间设计中比较常用,这样做的目的是可以在视觉上给人以新颖的感觉,还可以充分利用室内的空间。此种设计既显示出自由的情怀,又不会破坏整体设计的完整性。

4)固定空间与可变空间:建筑空间有室内空间和室外空间之分,而室内空间又可分成固定空间和可变空间两类。

固定空间是由建筑的主体墙、顶、地面这三种要素进行组合形成的空间,通常情况下习惯将厨房、卫生间这样的空间作为固定空间设计。剩下的其他的空间再根据使用者的不同需求进行合理安排。

可变空间与固定空间,从表面意义上理解已经是完全不同的,因此所采取的形式也是不同的。通常情况下,建议用分隔的方式来设计可变空间。在原有的空间中,通过分隔成不同的小的空间以此用作可变空间。在生活中,我们经常见到的有折叠门、立体式的升降舞台等设计。

5)虚拟空间和虚幻空间:虚拟空间是一种既无明显界限又没有一定范围和

区域感的空间形式，但由于它是指幻想的、非真实的空间，因此有时也被人们称为"心理空间"。

虚幻空间就是通过折射的手法，将原来的物体进行虚幻的变化，创造一种假象，以达到扩大视觉感受的效果。

6）静态空间和动态空间：静态空间给人一种安静舒适的静态美感，动态空间给人以动感的运动美。

动和静是人存在的两种基本状态，运动和静止之间应予良好的结合，当静则静，当动则动，动静相互依托，相互协调，相互补充，从而使空间的形态满足符合人的生理需要与心理需要，正是设计以人为本的体现。

2.室内空间的应用范围。在室内的空间处理上，因为趋向多元化的空间构成体系和多层次的空间组织方法，空间划分的中间要素已不再是过去室内中的简单分隔，而是更普遍地运用各种结构元素的延伸、包容、过渡、渗透等方法，造成多种复合空间的效果。在界面处理上，装饰、陈设、艺术品的形态、色彩及采光等室内环境要素的设计处理，就充分考虑了新的社会结构下人们的生活情趣、审美取向等诸多精神方面的需要，力图创造具有传统文化内涵与多元的现代文化完美结合的、具有不同文化价值和艺术性的多元室内空间环境。现代的建筑与室内设计就是要通过各种设计方法突破技术范畴来适应和进入心理领域。

室内天、地、墙的设计也应该是艺术与科技的结合，是功能、形式和技术的相互协调。在空间与尺度、风格与流派以及室内灯光、绿化、色彩及材料等方面继续完善的基础上，更加具有生态性和科技性，设计和装修过程也更加制度化、系统化，新型材料和新型技术将得到更广泛应用。塑造一个合乎潮流又具有高层文化品质的生活环境将是21世纪室内设计的目标。

第二节 天棚的设计

一、天棚的形成

天棚是在楼板和屋顶的底面形成的。天棚的设计目的是掩饰粗陋、冷漠的原建筑楼板和原始屋顶的底面，更亲近人。

天棚的形式和材料类别多种多样，制作方式也存在着差别，其应用要根据环境的功能性质和空间的具体情况而定。

吊装方式上,可以直接和室内结构框架连接,或者在结构框架上吊挂。一般情况下,吊装方式的选择由材料的特点、空间高度以及天棚内隐蔽的管线设施的数量和体积决定,其中更重要的是后两者。

二、天棚的高度对空间尺度有重要的影响

天棚的高度会形成空间或开阔、崇高,或亲切、温暖的感觉。它能产生庄重的气氛,特别是当整体设计形式规整化时更是如此。当天棚凌空高耸时,会给人形成纵向的空旷感和崇高感,而低天棚设计会表现出隐蔽保护作用,使人有一种亲切、温暖的体验。但是,天棚的高度也不能因此而随意处理,天棚高度的确定必须与空间的平面面积、墙面长度等因素保持一种协调的比例关系。比方说,如果空间的平面面积很大,而天棚高度相对较低,那么其结果将不会是亲切、温暖的,而必定是压抑、郁闷的。

三、天棚的色彩设计

天棚的空间位置决定了对空间高度的影响,而其色彩设计更是决定着审美主体的心理感受。天棚的色调选择要根据空间的功能性质,冷色调的天棚显得空阔,适用于办公系列空间;暖色调的天棚亲切温暖,尤其适合家居、餐厅空间选用。

冷暖色调的运用需要设计者有很好的色彩控制力,如若冷暖倾向控制不当,则很有可能使人形成紧张和焦躁感。因而,通常情况下,除了娱乐空间之外的其他空间的天棚色彩设计,大多可以采用中性色为主调,局部配以一定的冷暖色彩变化。这种做法能够保障天棚的稳定感,不会对人的心理产生负面影响。

四、天棚的图案设计

天棚的图案设计形态构成了室内空间上部的变奏音符,为整体空间的旋律和气氛奠定了视觉美感基础。

如线形的表现形式具有明确的方向感。格子形的设计形式和有聚点的放射形式均能产生视线向心力和吸引力。单坡形的天棚设计引导人的视线向上伸展,直至屋顶,如有天窗则更能引发人们的意趣和向往。双坡形天棚设计可以使注意力集中到屋脊中间的高度上和长度上,具体要看暴露出的结构构件走向而定,它会使人产生安全心理感受。中心尖顶的天棚设计给人的感觉是崇

高、神圣的,引导着人们的视知觉走向单一的、净化的境界,如教堂等。凹形的天棚设计会使一个曲面与竖直墙面产生缓和过渡与连接,给围合空间带来可塑性与自然宽容性。

五、天棚显现着独特的功能

天棚的设计既影响到空间的照明、声效,也影响到使空间变冷或变暖的物理能量问题。

天棚的高低和它表面的形式特质影响到空间的照明水准,由于天棚上并不常布满各种部件,所以当天棚平整光滑时它就成为有效的反射面。当光线自下面或侧面射来时,顶棚本身就成为一个广阔的柔和照明表面。

天棚是房间内部中最大的而又占用最少的界面,所以它的形状设计和质地显著地影响着房间的音质效果。在大多数情况下,当空间中其他部件和表面都是吸音材料时,如选用光滑坚硬的天棚表面材料,会引起反射声或混响声。在办公室、商店、旅馆,由于需要用附加的吸音面去减少噪音的反射,所以经常选用吸音型天棚材料。当空间的回声在两个平行的不吸音表面之间来回反射时便会产生声波颤动,比如,一个平坦的硬质天棚直对坚硬的花岗石地面。穹隆顶和拱顶会汇聚成声焦点,强化回声和颤音,减弱颤音的办法是增加吸音表面,或者改变天棚表面平整、单一的结构。

在冷暖气流方面,高的天棚设计会使房间中的暖气流得以上升,同时使冷气下沉至地面,这种空气流动方式使高顶棚空间在暖季舒适愉悦,而冷季则难以加热室温。相反,低天棚空间聚积热气流,较易将室温加热,但在热天可能会感到不舒适。

六、天棚设计的分类

(一)居住室内空间的天棚设计

居住空间是人类需求量最大的建筑室内空间。人们在长期适应自然并改造自然的过程中为人类自己创造了丰富多彩的居住建筑类型。居住空间是个体化空间,它应该最大程度地满足使用主体的需求。使用主体的需求则受到使用主体的个体因素及社会因素的制约。个体因素主要是因使用者所处的社会环境、所崇尚的民族风俗、所遵循的生活习惯,以及其受教育程度、职业特点、业余爱好等条件形成的个体差异;社会因素主要是社会的整体文化氛围、社会经济技术条件等现实差异。因此,使用主体的需求也就决定了住宅天棚设计的千变万化。

1. 从使用功能的差异分析居住空间天棚设计。使用功能的差异对天棚的设计有不同的要求。

卧室是供人们睡眠休息使用的房间，要求宁静和有较好的私密性，其天棚设计一般以淡雅宁静和平滑舒展的造型为主。色彩以温馨亲切为宜，当然还要结合使用者的具体情况进行综合考虑。

起居室是一家人日常生活共聚的场所，大多数情况下兼有会客、视听、娱乐等功能，其天棚设计就相对讲究装饰性，以体现家庭生活的温馨和活泼气氛。明亮的色调能创造出活泼亲切的气氛，而过分豪华的装饰和材料堆砌会给人以压抑感。

餐厅可以和起居室设置在同一顶棚下，而空间较大的情况下则可以独立设置，其装饰力度一般不必过重，一盏精美、个性的垂吊灯具也不失为得体的装饰点缀。

儿童房则应该体现儿童的天真烂漫，不妨在天棚上悬挂一些饰物或玩物，或用金属、木质格片设计成透空性暴露结构，便于孩子悬挂心爱之物。但对于儿童房的设计来说，因儿童天生的顽皮好动，故安全因素尤为重要。

书房设计应该注重清静而又富有高雅情调，天棚形式以简洁为宜。

厨房、卫生间的天棚设计一定要达到防水、防火、通风和有利于清洁卫生等功能的要求。现代化的住宅及宾馆的卫生间天棚，往往因设备管线维修的需要而制作成活动形式或可拆装形式。

2. 从地理环境的角度分析住宅空间的天棚设计。不同地理环境的区域，其气温和空气湿度存在很大的差异，这也是天棚设计所应考虑的因素之一。例如，我国南方地区由于夏季气温较高，空气湿度较大，应十分注重解决室内空间的通风问题。可以利用天棚的高低变化及风口的设置来组织穿堂风，以起到降温去湿的作用。而北方寒冷地区的住宅则多做成封闭的天棚来保持室温。此外，合理地处理好室内保湿隔热也是天棚设计应注意的功能性设计之一。

3. 从居住空间所属的建筑类型的不同分析居住空间的天棚设计。居住空间有独立式、多层和高层公寓式及集体宿舍式等类型。多层和高层室内空间因受到建筑层高的限制，天棚的建筑标高较低，在设计天棚时往往要从材料的色彩、质感和灯光的设计配置来取得小变化与大统一，此外还可以适度进行一些简单的层次变化或线角的装饰，但不宜做过多烦琐的设计处理。

色彩的处理在小居住空间里显得特别重要。低明度色彩粉饰天棚能起到一定的延伸感。各种调和的灰调,可以获得柔和宁静的气氛。此外,色彩的选配还要注意与整个室内环境相协调和相互衬托,在同一房间内,从天棚到墙面、地面,色彩明度宜从上到下逐渐加深,这种变化能扩展视觉空间,增强空间的稳定感。

(二)旅游室内空间的天棚设计

旅游室内空间是人们休闲度假、情感交汇的场所,其设计除了要满足基本的使用功能之外,更重要的是要体现一定的文化内涵。旅游空间通常情况下都有一定的文化定位,要反映民族特色、地方风格、乡土情调或体现都市的风情。

1.大堂空间的天棚设计。大堂的天棚设计首先要考虑空间的平面分区,其块面的分割要同地面的功能布局相呼应。相对于不同功能的局部空间,可以适当采用不同的装饰形式来强化功能布局的区域性。比方说,在中心休息区位置,可以组织结构相对复杂、层次变化丰富的天棚设计;在大堂酒吧位置,可以进行天棚的局部下沉变化,或适度的情调化处理;而对于通道区域,则可以采用简单的平顶,或优美的流线形式,以增强导向性。

在进行天棚的装饰设计时要同安装工程设计相协调,一般情况下,要求安装设计在符合规范要求的前提下配合装饰效果的体现;而在安装工程无法调整时,则天棚的装饰设计必须灵活变通。总的要求就是天棚面上的灯具、风口、检修口、喷淋头、烟感报警等既要能够按要求实现其使用功能,又要排列美观,有助于整体装饰效果的美化,至少不破坏装饰效果。

大堂天棚材料的选择主要是使用轻钢龙骨纸面石膏板。局部可以根据空间的风格定位,尽量使用同一风格的装饰材料,以烘托氛围。例如,用尊贵的红木体现华贵的中国传统风格,用轻盈的竹编体现隽秀的江南风情,用白钢和明净的玻璃组成的采光顶体现爽朗、清新的现代气息,等等。

2.餐厅空间的室内天棚设计。餐厅的设计要点是营造轻松舒适、环境幽雅的就餐气氛。

普通中小型餐厅的天棚设计就不需要做过多的装饰形态表露。可采用较为明快的暖色调,给人以舒适的感觉,要避免浓妆艳抹、灯红酒绿的庸俗设计。在组织有序的坡屋顶结构下悬挂一些简单的彩带、灯饰,或在平滑的天棚上镶嵌一些漫步式的筒灯,再配以迷人的灯光与背景音乐,以形成高雅的就餐情调,而具有浓厚地域文化背景和特征的装饰形式与色彩,更能够强化餐厅的独到品位。

大餐厅的天棚设计还需要注意整体空间的连续性,天棚的造型与装饰不宜变化太多。为避免单调,可在平滑天棚上做一些圆形的凹面或用连续的曲线变化形成高低渐变的灯槽,在槽中配以灯饰来形成自由活泼的气氛。

3.休闲娱乐空间的天棚设计。休闲、娱乐室内空间的天棚设计具有最广阔的创造空间,无论在形式的安排上还是在材料的选择、色彩的搭配上,但凡是与其格调定位匹配的设计要素,都可以运用。①

天棚装饰造型的形式组织上主要是依据空间的动静特点进行设计。例如,对于格调高雅的酒吧来说,不能缺少"静"的特点,其天棚形式必须相对规则、均衡,适度的优美曲线也会增强其舒展、优雅之感,而过于强烈的对比形式则会破坏酒吧的静谧气氛。

又如喧闹的迪厅,其激烈的气氛要求天棚的设计体现随意、狂热的特点,因而,其形式不拘一格;如造型曲直方圆的墙面对比、造型走向的矛盾冲突、层次的跌落起荡、装饰物的凌空悬挂等形式和手法,都适合用来做迪厅天棚的装饰之用,当然迪厅天棚还可以使用裸露的楼板与局部吊顶相结合的设计效果。

休闲、娱乐空间天棚材料的选择要将材料的固有属性和性格特征结合起来考虑,看其是否与环境的功能性质相匹配。例如,桑拿房洗浴空间的天棚材料,首先要具有很好的防潮性能,以延长其在高湿度蒸汽环境下的使用寿命。桑拿浴室作为一个休闲活动场所,本身具有一定的消费层次,一般采用铝塑板、金属类装饰天花板材更加适宜。

(三)商业室内空间的天棚设计

商业室内空间的天棚因经营商品的种类、范围、规模、性质不同而应采用不同的设计形式与风格。

例如,超级市场的天棚设计在通常情况下天棚设计形式比较单一。人流量大是超级市场的一大特征,安全和消防问题不容忽视。因而消防、通风、空调等各类设备一般都是安装在顶棚之上,所以顶棚的设计必须便于其维修和维护。目前,超级市场的顶棚设计大多是采用块状活动吊顶,一方面便于拆装,另一方面也经济适用,而采用块状矿棉板吊顶,更能够保障超级市场的消防安全。当然,在超级市场中也可以不进行吊顶,只是对原建筑楼板底面和各类设备的管件进行一些简单的美化处理。

①李金枚.探讨色彩在室内设计中的搭配[J].低碳地产,2016,2(18):368-369.

　　大型的购物商场,尤其是经营高档衣物、皮具、化妆品、珠宝首饰的商场,或者是商场中这类商品的专区中,环境的设计要具有高雅的格调,以衬托出商品的高档性,也便于形成良好的购物气氛。在大型购物广场中,由于其多为开阔空间,故墙面界面所占的比重比较小,且很大一部分都被展架所遮盖,地面除了通道之外,大部分面积也被展架所覆盖。因此,商场购物的气氛在很大程度上主要靠柱子、展柜、天棚来烘托,而其中,又以天棚的面积最大,所以天棚的作用是不容忽视的。在天棚具体的设计中,要根据商场所经营商品的类别、特征来进行个性化设计,体现不同商品的特点。商场的公共空间(如通道)则一定要具有连贯性、体现统一性。天棚设计还要与整体空间的流程组织相吻合,要具有辅助的导向作用。作为一个基面,天棚要便于灯具、通风口、各种探头、指示牌的安装。此外,吊顶设计应易于拆装以便于设备检修。

　　其他小面积的商业空间,例如,专卖店和精品店的天棚设计,最为灵活多变。相对少的商品种类,使得其装饰设计风格的针对性加强。天棚的设计可以围绕主要产品的特点展开构思,采用与产品特征相关联的吊顶形式和色彩,形成高度统一的环境氛围。小面积商业空间的天棚设计,对设备检修的预留要求相对要低一些,但要适度考虑。

(四)办公室内空间的天棚设计

　　办公室内空间要尽力考虑环境的美化。办公室内空间的天棚设计要根据各办公分区的重要程度,进行主次明确的形式设计。在重点区域同样根据需要采取形式各异的天棚设计。

　　1.集体办公区域的天棚设计。办公环境追求简洁明快,在开敞式的集体办公区域,天棚的形式不宜进行复杂的设计,通常采用平顶,以避免浮躁的形式影响员工的心情、干扰员工的注意力。天棚大多选用块状硅钙板、矿棉板等经济实用的材料。在设计时,应将规格板进行预排,确定整体的板块分布,并对灯具、烟感报警,尤其是消防喷淋头的位置进行合理规划,避免各种设施与吊顶龙骨之间发生冲突,减少不必要的损失,并能够更大限度地体现整体装饰效果。

　　2.主管室、经理室、接待室、会议室的天棚设计。在办公环境中,主管室、经理室、接待室、会议室属于重点区域,是着重设计的空间。主管室和经理室的天棚设计简繁均可,如大面积地采用纸面石膏板平顶,而局部进行简单的上翻造型处理,会使天棚显得简单而又具有现代感,从而体现出空间使用者的直率、精干;接待室作为公司会客之处所,更要体现出公司的企业文化,天棚的设计应该让人感觉亲切宜人,适当的复杂设计可以彰显公司的实力;会议室的天棚设计一定要满足人们开会时对光照度和宁静氛围的要求,其造型的组织要舒缓平稳、简洁高雅。

3.前厅及走廊的天棚设计。前厅的天棚设计要根据其空间的面积,在小空间中一般不必要做过多的造型变化,应以简洁为宜。走廊的天棚设计要考虑其导向性,在高档的办公空间中可以考虑走廊天棚的造型变化和个性处理。而更重要的是,走廊天棚的造型要考虑构造的合理性,一般来说,现代办公空间的走廊比较长,这种情况下,吊顶很容易出现裂缝,为此,可以通过造型将天棚分成几个段落,这样既能够避免天棚的不规则断裂,同时又能改变天棚单调、呆板的状态。其形式若能与墙界面造型相互呼应,效果更佳。

4.其他附属空间的天棚设计。附属空间是指办公人员生活和改善办公物理环境的必备设施所占用的空间,例如,卫生间、盥洗室、开水房、配电室、各种机房、控制室等。这些空间的天棚设计可以尽量简单,有的空间(如机房)完全可以不吊顶。

(五)文教空间的天棚设计

文教空间包括学校、图书馆、医院等室内环境。文教空间的突出特点是环境安静,其天棚设计不必苛求烦琐、华丽的形式,而主要从功能和经济因素的角度考虑,通常应力求简洁、明快,以塑造清新、静逸之感,增强空间功能性质特点的体现。

1.学校室内天棚设计。从学习空间的建筑结构上看,一般可分为普通教室和大型的集体教室。普通教室一般采用暖气供暖,且大多没有消防、通风等设施,所以确定天棚的高度要考虑其对空气流通的影响,要适当提高。普通教室的面积和空间高度都接近于平常的室内空间,既不需要考虑室内热量的散失,又不需要隐蔽的设施,所以一般可以不进行吊顶,可直接对建筑构件进行粉饰处理。这样处理既经济实用,又可以防止花哨装饰分散学习者的注意力。

大型集体教室一般空间开阔,其天棚设计要适度进行声学方面的考虑,以避免回音或声音散失。

2.图书馆室内天棚设计。图书馆是大型室内建筑空间,藏书空间和阅览空间是它的主要功能空间。藏书空间的天棚设计要根据环境的具体情况而定,如若空间高度较大,则需要考虑天棚对室温的调节作用,同时应该在一定程度上

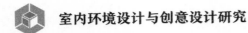

考虑与消防设施的结合,适度进行美化处理,无论是总体吊顶还是局部吊顶皆可,但必须选用具有良好防火性能的材料。

阅览室是人长时间使用的空间,一般都会进行吊顶处理,一方面可以改善室内的物理环境,另一方面可以掩盖粗糙、生硬的顶部建筑构件,给人一种舒缓、轻松的感觉。其天棚材料和形式的选择要考虑声学效果,减少噪音干扰。

3.医院室内天棚设计。医院的室内天棚设计要根据不同功能空间的性质和特殊要求而定,例如,手术室和各种设备室的天棚设计要考虑光效果或其他对设备工作有影响的方面;病房是病人疗养的居住场所,其天棚是病人视域范围内的主要对象,天棚在形式、材质、色彩方面的运用都要考虑能够给人带来平静、温馨、舒展的感觉和积极影响,同时也要考虑方便输液瓶的吊挂或事先预埋吊件等问题。

(六)观演性室内空间的天棚设计

观演性建筑通常是指可供大量观众观看演出的建筑物,如影院、剧场、音乐厅、杂技场,等等。这类建筑物的天棚设计都有较高的视听功能要求,尤其以观众厅的天棚设计为重点,其形式的变化、材料的选择要充分考虑对室内声、光、温、气等物理性能的影响,因而相对来讲显得较为复杂。

以剧场为例,天棚设计应力求简洁、封闭、适当增加反射面,合理布置吸音材料,以保证语音的响度和清晰度。天棚设计除了满足较高的厅堂音质要求外,对光电和其他设备的设计要求也较高。舞台区的天棚设计应力求体现最佳的音质,观众厅区的天棚设计应根据演出的需要进行综合设计。整个大厅音质的必要条件是足够的响度,最佳的混响与直达声响的交融,这不仅取决于天棚设计材料的选择和布局以及形式的变化,而且与整个大厅的墙界面、地界面和大厅的整体结构和面积都有着密切的关联。不同的演出剧种对观众厅和舞台的天棚设计要求也不同,专业性强的剧场可根据剧种的要求有针对性地设计,多功能的大厅则需考虑不同演出性质的需求进行多功能设计,往往可以借助于悬挂天棚的不同变化(例如,升降、变形、变向等)来改变大厅的结构和声响效果,从而满足不同演出的功能要求。

七、天棚的表现性设计

室内空间天棚的设计,在不同功能性质的空间、不同结构的建筑中其形式变化各异,体现着不同的美感特征。

（一）平整式

平整式天棚即表面无凹凸变化的平面天棚，单纯的无层次变化的曲面和斜面天棚也属于平整式之列。

这种天棚可以利用原建筑结构基面，将楼板底面粉刷而成型，也可以通过后期吊装成型。平整式天棚的特点是构造简单、装饰便利、朴素大方、造价经济，因而，非常适合在候车室、展览厅、休息厅、办公空间、商场等空间中采用。其形式特点，既塑造出整洁、清爽的空间，又渗透着现代感。它的艺术感染力主要来自顶面色彩、形状、质地、图案及灯具的有机配置。

（二）凹凸式

凹凸式的天棚就是天棚表面有一定的凹凸变化，体现出一种面的层次关系，也称立体天棚。

这种天棚造型华美富丽，适用于舞厅、餐厅、门厅等空间。以凹凸形式为基本形态，搭配以金属壁纸、木饰面、彩绘，或其他新兴复合材料，均能够塑造出不同文化品位的环境气氛。而与暗藏灯带、吊顶等各类灯具配合使用，灯光交汇、形态互补，将形成浑然一体的完整形象。

凹凸式天棚设计必须对同一造型单元中各层次的面积和深度的比例关系进行全方位的比较，各层次之间的高度要有一定的节奏变化，面积对比要适中，每个层次自身的面积与高度的比例，也要具有一定的审美性。在大型空间中，有时候需要天棚具有一定的深度，以求得天棚深度与墙面高度的协调，这种情况下的凹凸式天棚设计，切忌依靠肆意拉大层次间的深度来保持整体高度，以免显得生硬、空洞，要大胆采用复杂的层次变化，通过层次的分组归纳，既可以达到预期高度，又能够使层次的组织上保持必要的秩序性。

（三）悬吊式

所谓悬吊式，就是在天棚的承重结构下悬吊各种形式的搁棚、饰物、板块等装饰物体所形成的一种天棚形式。其特点是天棚的部分单体与天棚整体之间存在视觉上的脱离关系。

这种形式的天棚往往是为了满足声学、光学等方面的要求，或是为了追求特殊的装饰效果。因而，经常用于体育馆、影剧院、音乐厅等文化艺术类室内空间中，另外，因其新颖别致的形式、轻松活泼的感觉也常用于舞厅、餐厅、酒吧、茶社等休闲娱乐空间，具有另一番意趣。

悬吊式天棚布局随意，不拘泥于一定的形式，不过其某些单体具有一定孤立感、突兀感,因而,要求设计者谨慎使用,以免造成空间的不稳定感。

(四)井格式

井格式是结合自然的井字梁构架进行补充和完善,或为追求特殊的环境氛围而刻意构建出的一种以井字形为基本造型构架的天棚形式。其形式与我们传统的藻井相似,特点是保持着空间的均衡秩序感。

井格式天棚设计要求天棚上的通风口、灯具、自动喷淋头、烟感报警器等设施分布规则、合理,以避免产生与高度秩序化井字格之间的冲突,而使空间显得凌乱不堪。这种形式的天棚在一定程度上会有单调、呆板的感觉,如果与凹凸式天棚结合,或者进行线角的装饰,则会显得丰满、充实。就井字格的本身来说,其框架的体积要与井格的跨度,以及天棚的标高相协调,过于单薄或笨重的框架都会破坏整体装饰效果。

井格式天棚形式的应用范围非常广泛,无论是大跨度空间中因地制宜的井格式天棚还是小跨度空间中刻意构造的井格式天棚,只要它形态完美、装饰得体,皆可成为一种庄重典雅的设计形式。

(五)结构式

结构式是指最大限度地暴露建筑构件,以建筑构件为基本装饰元素,结合顶部设备的适度修饰和灯具、灯光的组织,所形成的天棚表现形式。这种形式只需要对建筑构件进行简单的装饰处理即可,力图通过各种设备的组织安排,形成一种自然的结构形式美。结构式天棚造价低,如果设计得法,选材与构成得当,也另有一番情趣。结构式常用于体育馆、候机厅、停车场等空间的天棚设计。

(六)玻璃式

玻璃式天棚是采用玻璃、阳光板或其他透光材料制作的天棚。玻璃天棚有两种形式:一种是发光天棚,就是在天棚里面安装灯管,然后用玻璃进行罩面处理;如果采用普通磨砂玻璃、喷沙玻璃罩面时,其灯光柔和自然,令环境安逸幽雅;如果采用其他饰有颜色的玻璃时,则会营造出另有异样情调的氛围。另一种是采光天棚,它是直接利用金属框架和玻璃来做顶部罩面,从而获取更多的自然光,有利于室内的绿化需要,同时,玻璃的通透性打破了大空间的封闭感。采光天棚多用于大型公建的门厅、中厅以及展厅、阅览室等空间。

采光天棚的使用首先要注意安全问题。采光天棚直接裸露于室外,如遇落物,很容易造成玻璃的破碎,所以一定要选用安全玻璃,通常可以选用钢化玻璃或夹层玻璃,对金属骨架的载荷要计算精密,以免产生塌陷,造成安全事故。使用采光天棚还要注意阳光直射所造成的室内热辐射问题,应做好室温调节措施。另外,采光天棚的设计要考虑防水、清洁、维修等方面。

第三节 墙面的设计

一、墙面的概念

墙面是建筑物的基本建筑部件,一般建筑中墙面被用来作为支撑上部楼层、天棚和屋顶的结构。它们形成了建筑物的立面,为构成室内空间提供围护与私密性能。墙面不仅具有承重的功能作用,而且是建筑室内界面中面积最大的界面,对整个室内的装饰效果起到举足轻重的作用。

二、墙面设计的结构特征

建筑技术的发展使得部分墙体从承重的使命中解脱出来,可以单从空间的围合与界定的功用角度考虑墙面设计,其形式便产生了多样化的发展趋势。根据不同的环境、区域关系和不同的装饰要求,墙面可以采取不同的灵活形式。从墙体结构特征的方面看,墙面可以归纳为平整式、起伏式、通透式等表现形式。

(一)平整式

墙面平整、结构单一的形式为墙面平整式结构。一般来说,这种墙面的表现形式是平直、顺畅,在垂直方向上没有大的结构变化,呈现一种简洁的感觉,是最为平常的一种墙体结构形式。对于平面的墙体来说,平整式具有明确肯定的空间界定感。此类墙体结构形式的设计要根据不同的空间面积、空间关系进行因地制宜的选择。

(二)起伏式

当墙面具有水平方向或垂直方向的连续的凹凸变化时,这种墙面便可以称为起伏式墙面。起伏式墙面的凹凸结构变化增强了它的不宁静感,尤其是水平方向连续的波浪式墙面具有强烈的动感和自然的行进美感。垂直方向起伏变化的使用要根据空间的面积和高度决定。这种起伏会削弱墙体的力度感,在狭小空间或低矮空间中会造成一定的不安全感,要谨慎使用。

(三)通透式

通透式墙体是空间界定的一种特殊形式,它实现了空间的分隔,却能够保持空间在视觉上的连续性和延展性。采用通透式墙体的两个相邻空间的功能在性质上不能有很大的跨越,因为它有时具有听觉上的隐秘性,而不具有视觉上的隐蔽性。在两个通透式界定的空间中装饰格调、氛围不能跳越过大,否则会相互影响,造成视觉的混乱。通透式墙体如果运用得当,可以起到相互借景的效果,增强墙体自身的装饰美感。

三、墙面的设计原则

墙面是室内空间三大界面的主要界面,无论是从体量关系还是从视觉的优先关系方面来考虑,都应该处于设计的重点位置,因而在设计中要尤其注意把握其设计原则。

(一)整体性

墙面设计的整体性是指墙面与其他界面所构成的空间整体性及墙面自身整体性两个层面。

设计时,必须要充分考虑墙面与室内顶界面、地界面的协调统一关系,必须以整体设计观念与协调观念统领其设计的全局。在材料的选择、形式组织、色彩搭配等各个方面都要与其他部分保持一定的内在联系,实现有机结合,塑造整体感。

就墙界面自身来说,无论是各个墙面之间还是一个墙面单体中,都要形成一定的整体性。例如,采用总体形式的小变化、大统一,通过运用主要构造、形式、装饰语言的重复出现或适度变异,材料的互换,色彩的变化等手段加强墙界面之间的关联,而单体墙面自身需要保证视觉的整体统一性。

(二)物理性

室内环境物理性能的优劣,关系到空间使用的效果,而其物理环境的保障主要是通过各种改善物理环境的设备的正常运转来实现的,而另一方面,也需要室内装饰要素的结构与材质来加强物理环境的保障和调节。墙面在室内空间所占的面积大、分量重,因而它对空间环境所起的作用也较为显著。

根据室内空间功能性质的不同,需要分别处理空间的隔音、吸声、保暖、防火、防潮等物理性能。例如,在轻质墙体的空腔内填置岩棉,既能增强空间的隔音效果,又具有保暖、防火的功能;在防火要求高的环境中必须较少使用海绵、布艺等易燃材料,同时对木质材料的使用面积也要控制在一定的比例之内;在观演空间中,则又必须避免大面积使用石材、金属等质地坚硬的材料。

总的来说,室内材料的选择不仅要使它们适合于特定环境,而且要通过综合使用材料来改善环境的物理性,使环境更有利于我们的生活。

(三)艺术性

形式美的运用是墙面设计呈现美感的重要因素。墙面的造型设计、构图安排、色彩对比、层次节奏等都要遵循形式美的法则,不能够随心所欲地进行局部设计或拼凑,要讲究艺术美的完整性。

第四节 地面的设计

一、地面的限定概念

现代建筑的典型楼地面是钢筋混凝土楼板地面。楼层地面一般包括基层、垫层、面层三个基本结构。基层为现浇钢筋混凝土楼板(或预制楼板),它承载着其他楼层结构及楼板其他负重的全部荷载。垫层通常选用低强混凝土、碎石三合土等刚性垫层材料及其他非刚性垫层材料,通过素水泥浆结合层与基层结合,具有找平、找坡、保温、隔音和均匀传递力量的作用。而面层可以理解为装饰面层与楼板基本面层的统称,基本面层是水泥砂浆面层,起着再度找平及保护垫层的作用。在此基础上,我们可以进行装饰阶段的地砖、石材铺贴和地板、地毯的铺设。

二、地面的设计要点

(一)地面要和整体环境协调统一

室内界面是一个有机整体,界面之间要保持相互联系、紧密结合的关系,以形成统一协调的环境。尽管各个界面不可以独立存在,但它们都要为塑造环境发挥必要的作用。

从地面与其他界面的联系方面来看,地面的划分要与天棚的组织有一定的内在联系,其图案或拼花的式样要与天棚的造型,甚至是墙面的造型存在某些呼应关系,或者在符号的使用上有共享或延续关系。也可以通过地面与其他界面之间的适宜材料的互借来加强联系。

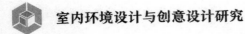

（二）地面的块面大小、形式划分、方向组织对室内空间的影响

一般来说，由于视觉心理的作用，地面的分块大的时候，室内空间显得小，反之室内空间则显得大。而块面过小的地面则会显得琐碎、凌乱，甚至脆弱，会形成地面的不稳定感，造成整个空间的失重。

地面铺设材料一般采用正方形为基本形态，非正方形形体的长短边线对比本身就具有一定的方向性，而采用不同的拼合方式又会形成不同的方向感，可以起到延伸空间或破解空间的作用。

地面的整体形式组织要结合空间的功能布局，既体现功能分区，又要以有序的形式组织反映出空间的主从流线。

（三）地面图案设计的三种情况

1.强调图案本身的独立完整性。这种形式的图案是一个完整饱满的图形，其构图元素可以采用花卉纹样，也可以采用几何形体等。主要用于特殊的限定性空间，例如，旋转门的地面、大堂中心的地面、大型会议室的中心等。其特点是有一定的完整性和内聚感，易于形成视觉中心。

2.强调图案的连续性、变化性和韵律感。这种形式的图案设计随意性强，不拘泥于一定的形式。而此类图案形式的变化又追求一定的规律性，从而具有连续性和韵律感，暗示了一定的导向性。其多用于中高档室内空间的门厅、走廊。

3.强调图案的抽象性意味。这种图案随机、自由、灵动，无论是形态还是其布置的位置都无须遵循一般的规律。常用于不规则空间或布局自由的空间，给人以自在轻松的感觉。

（四）在地面色彩设计中，对色彩的视觉心理研究极其重要

对地面色彩设计的总体要求是符合环境的氛围，根据不同的空间功能确定其地面的色彩。不同色彩的地面有不同的性格特征。浅色地面将增强室内空间环境的照度，而深色地面会吸收掉大部分的光线。浅暖色调的地面能给人以振奋的感觉，暖色地面的色彩给人带来安全感。浅冷色地面有宽敞感，并能衬出光滑地面的平整程度。深而冷的色彩给地面蒙上一层神秘而庄重的面纱。中灰色的无花纹地面有时更能显现高雅、宁静的室内气氛，并能衬托出家具色彩的个性，从而显现出家具造型的外观美。

三、地面材料的种类与特性

地面材料的选择要根据空间功能的要求进行合理科学的材料分析,材料的性能一定要满足使用要求和审美要求。

(一)木质地板

木质地板肌理自然、纹路清晰质朴、色泽天然美丽,给人以自然高雅的感觉。它具有良好的保暖性、舒适性、弹性、韧性、耐磨性,因而受到人们的普遍欢迎。木地板具有良好的隔音性能,便于拆装。

除了优点之外,木材也具有易胀缩、易腐朽、易燃烧等缺点。

木质地板常用于舞厅、会议室、舞蹈训练馆、体操房、体育馆、家庭装修的卧室、书房等空间。

(二)石材类地板

石材类地板包括花岗岩、大理石等板材。石材是一种天然的材质,具有质地坚硬、经久耐用等特性,表现出一种粗犷、硬朗的感觉。由于每块石材都具有天然的纹饰,故拼合后的图案更加丰富多变。其色彩多是天然生成、超乎象外、柔和丰富。色彩范围从黄褐色、红褐色、灰褐色、米黄色、淡绿色、蓝黑色、紫红色等,直到纯黑色,丰富多彩、种类繁多,各有妙景生成。

石材类地板多用于星级宾馆、大型商厦、剧场、机场、车站等公共建筑内。

(三)陶瓷面砖

陶瓷面砖是以优质黏土为主要原料烧结而成的。建筑陶瓷面砖具有防水、防油、防潮、耐磨、耐擦洗等性能,因而多用于厨房、卫生间等亲水空间及其他人流量比较大的室内环境。而随着其图案与花色的日趋丰富、完美,也越来越为各种个性化室内环境设计所宠爱。

(四)柔性地毯

地毯是柔软性铺盖物中具有代表性的地面装饰材料之一。由于其宽广的色谱和多样的图案以及精美的手工工艺制作,使地毯带给人视觉上和心理上柔软性、弹性,并产生温暖感。地毯能够降低声音的反射和回旋,并为人们提供舒适的脚部触感和安全感。地毯不宜浸水,清理维护不便,因而适用于环境幽雅的空间中使用。

第三章 室内设计创意设计

第一节 逆向思维在设计中的运用

逆向思维也叫求异思维，是对司空见惯的似乎已成定论的事物或观点反过来思考的一种思维方式。敢于"反其道而思之"，让思维向对立面的方向发展，从问题的相反面深入地进行探索，树立新思想，创立新形象。习惯性思维是人们创造活动的障碍，往往束缚着人们的思路。在顺向思维碰壁时，设计师需要突破这种习惯的约束，另辟蹊径，有时反常规地逆向思维求解问题可能会带来新的希望。虽然逆向思维不是解决矛盾的唯一途径，但只要在客观上存在可能，就可能会出现奇迹。现将几种逆向思维的方法介绍如下：

一、原理逆向

1820年，奥斯特发现电流磁效应的消息传遍欧洲，很多人都局限于电磁学的研究，而法拉第却思考："磁是否可以产生电呢。"1831年，法拉第把一块条形磁石插入一个缠绕线圈两端连接电流计的空圆心桶里，这时电流计的指针向前移动，当磁石抽去时，电流计的指针又恢复到零的位置。根据这一原理，法拉第发明了世界上第一台发电机。这就是原理逆向思维的伟大创造。

二、主次逆向

一种多功能产品或组合产品，通常有主次或主辅之分。如果主次对调，便成为主次互逆，可能会产生一种新产品。如在可视电话中，电话功能作为主体，电视屏幕显示对方的图像仅具有辅助性的作用，但主次逆向后，可视电话成为可通话的电视，电视是主体，通话则是辅助。有一种能吹热风用的电熨斗，主要是熨衣用，也可吹热风使湿衣干燥。不久出现一种兼做熨衣的吹风机，主要是吹干头发用，但亦可熨较薄的衣服。

三、侧向思维

在日常生活中，人们在思考问题时"左思右想"，说话时"旁敲侧击"，这就是侧向思维的形式之一。在创意设计思维中，如果只是顺着某一思路思考，往往找不到最佳的感觉而始终不能进入最好的创作状态。这时，思维向左右发散，或作逆向推理，有时能得到意外的收获，从而促成创意设计思维的完善和创作的成功。这种情况在艺术创作中非常普遍。达·芬奇创作《最后的晚餐》时，出卖基督的叛徒犹大的形象一直没有合适的构思，他循着正常的思路苦思冥想，始终没有找到理想的犹大原型。直到一天，修道院院长前来警告再不动手就要扣他的酬金。达·芬奇本来就对这个院长的贪婪和丑恶感到憎恶，此刻看到他，达·芬奇转念一想何不以他作为犹大的原型呢？于是，他立即动笔把修道院院长画了下来，使这幅不朽名作中的犹大具有准确而鲜明的形象。可见，在一定的情况下，侧向思维能够起到拓宽和启发创造思路的重要作用。

四、性能逆向

性能逆向是指事物性能相对立的两面，如固体与液体、空心与实心、软与硬、冷与热、干燥与湿润及块状与粉末等。使用性能逆向时，设计师从与原性能相反的方向进行思考。如弹簧沙发改为液体沙发或空气沙发；实心砖改为空心砖；煤矿里过去用坑木做支柱，回收率只有70%左右，现在采用液压支柱，回收率接近100%。再如整块肥皂在使用时会遇到一些不方便，肥皂被水浸泡变软容易造成浪费，使用过程中不易抓握，但肥皂粉碎机利用块状与粉末的逆向可以改变这一切。将整块肥皂放置于肥皂托后，通过把手来触发内置的擦丝器，便会将肥皂变成细小的颗粒，肥皂颗粒正好落在手掌，可以用来洗手，这样就避免了以前肥皂易从手中滑落以及容易将肥皂弄脏等问题。同时，设计师也提供了浴室专用版，通过双手的旋转，肥皂颗粒即可落入手中。

五、方向逆向

方向逆向是指将事物的构成顺序、排列的位置、旋转的方向和输入方向等颠倒，即转过头来进行思考的一种方法。如波兰设计工作室 BEYOND 的 Karolina Tylka 设计的神奇的公共长椅，名为 Coffee Bench。它最初的设计灵感来自设计师的一个窘境，他在花园中饮用咖啡的时候发现没有地方放咖啡杯或者报纸，于是这款利用中轴进行方向变形实现合理空间利用的座椅就诞生了。公共长椅由若干个可转动的单元组成，每个单元都可以独立翻转，人们可根据需要灵

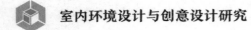

活地调整椅面的宽度,也可以将椅面翻转变成桌面,舒服又方便,具有创意。

除了上述经常用到的几种逆向,还有色彩逆向、形态逆向、综合逆向、单一逆向、思维逆向等,都能使人们有所创造和发明。当人们的思路进入死胡同时,可以进行逆向思考,反其道而行之,也能获得意外的成就。

在应用过程中应该注意,逆向思维并不是随心所欲地逆向,而是有条件的。逆向是以正向为前提的,必须以正向存在为前提条件。逆向思维是基于事物正向而引发的,逆向并不一定就是创新,逆向的成功需要得到使用者的认可,并符合社会的需求。

第二节 自然形态在室内设计中的价值体现

一、自然形态分类分析

第一,有机形态是可再生、含有生命力的形体,有生长机能的形态。设计师从文化与情感的角度出发,通常以人、动物、植物、昆虫等为灵感来源,设计主要以曲线为中心,通过设计的提炼并进行再组合的方法,常表现出具有旺盛的生命力。因此,如何利用有机体的自然形态或审美效果为室内空间创造生命力是有研究意义的。

第二,无生命的有机体。自然界还有一些无生命的无机体,表现为有机形体的形态特征,如卵石呈现光滑的曲面是外力(水、石)冲刷石块而形成的。这种本无生命的无机体,在外力作用下逐步适应外力而形成的有机形体,其实是无生命的,但在形态变化方面给人以有生命力的扩展感。如果将这种形态引入室内空间,室内设计将更具有变化感和扩展性。

第三,无机形体是无生命力的、静止的物质形态。如风和日丽或者是狂风大作,风看不见也摸不着,只有在被风所影响的物体的形态变化中才能被人感觉。因此,设计师将无机体所带来的形态变化的特征引入室内设计,可以给人以心理上的影响。

二、自然形态在室内设计中的运用价值

(一)创意性

山、水、树木、天空的云等都是自然界给人类的瑰宝。"风景如画"形容一个

地方的风光与特色,摄影师通常会用相机把美好的自然风光拍摄保存下来。创意是如今设计的主题,源于自然,回归自然,从自然界中提取元素可把创意作品表达更完美。可以说,如果没有创意,作品就无价值,也就没有意义。设计师经常运用自然的设计手法来体现作品的创意性,如采用模拟自然形态的设计进行展品的展示、采用昆虫的形态设计室内造型、采用动物的躯干设计家具局部、采用手绘自然界物体的方式装饰墙面等。创意设计具有生命力与影响力,在现实中影响着人们的品位、生活效率。

(二)自然性

设计行业里存在模拟与抄袭现象,这种做法导致设计千篇一律,无特点、无变化、无个性。自然设计一直是设计师们所追求的最高境界,如乡村风格、田园风格、复古风格、怀旧风格、自然主义风格等都体现自然元素在具体设计中的运用,表达了人们追求回归自然、返璞归真的心态。常把室外的自然场景运用到室内设计中,这种"借景"的设计手法最直接表达了人崇尚自然、追求自然的情怀。设计中源于自然的设计灵感的案例比比皆是,如仿生设计。设计结合自然、自然性设计、以自然为本的生态设计、回归自然设计等主题一直是设计界需要追求的研究课题。

(三)多样性

室内设计中,整个空间设计的多样性体现在室内空间界面造型设计、装饰材料的材质变化、设计手法、家具款式、装饰风格、色彩、功能等方面。如地面材料有抛釉砖、抛光砖、仿古砖、仿大理石砖、木纹砖、微晶砖等,各类材料的特点、规格、价格、体现的材质变化不一样,设计师需把握自然性,做到多样性的和谐及特色。[①]

(四)空间组合性

在具体的设计中,空间设计需考虑人与人、人与物、人与动线之间的关系,任何空间都是相互联系的整体,这时空间组合的合理性优势就体现出来了。如100平方的居住空间设计,在设计功能分布区上有玄关、鞋柜、客厅、餐厅、厨房、主卧室、次卧室、书房、阳台、卫生间等区域,这些区域之间又是相互联系的,要有合理的人流布线的安排。如进大门需要考虑设计鞋柜,方便换鞋进入空间;鞋柜不能与餐厅太近;餐厅与厨房两个功能区需要考虑设置在相邻的位

①陈伟. 室内设计中纸质装饰材料选择研究[J]. 造纸信息,2021(12):2.

置;餐厅在设计的时候考虑个人习惯设置视听墙,视听区与餐厅区在满足使用功能的同时又体现了合理的空间组合性。

(五)亲切感

现今,人们在城市中生活呼吸不到自然的味道。装饰材料由于加工技术的进步,出现价格低、加工非常方便的特点,如玻璃、不锈钢、树脂、塑料等,但这种装饰材料体现的是工业化城市,远离自然,人们意识到传统的材料更有人情味,传统材料的木材、瓦片、砖块等使人更有亲切感。如普通的文化石墙砖饰面用于室内,肌理沧桑,简朴而富于变化,既可以装饰墙面,也可用于装饰整个背景空间。

(六)趣味性

趣味的空间能给人带来轻松、愉悦的心情,可以疏解人的工作、生活压力,也能体现甲方的个人爱好、习惯、品味。设计师可以通过整体空间环境的营造来体现趣味性,如利用色彩、灵动的线条、有趣的造型等。局部墙壁没有采用过多的颜色涂料装饰,设计师为了室内空间的整体风格和谐统一,可以只采用单纯的米黄色涂料来达到凹凸肌理效果的目的。

第三节 室内设计中创意设计的构造形态

一、解构主义在室内设计中创意设计的"非理性"表现

构造的美是古典主义遵循的规律,构造和功能并重是现代主义遵循的规律,传统历史文化线索和建筑设计的寓意是后现代主义所遵循的规律,上述规律在解构主义看来全部为"理性"规律,追求的是"非理性"的表现,竭力谋求展示矛盾的、杂乱的、残缺的、构造与功能并存的"非理性"思维。屈米的拉·维莱特公园从法国传统园林中提取出点、线、面三个体系,并进一步演变成直线和曲线的形式,叠加成拉维莱特公园的布局结构,着重强调"非理性"的设计理念。

解构主义主要遵从了建筑创作中的从整体到部分的分离,异常地颠倒结构形态,变化其内部与外部的构建特征深度分析并重新组合的精髓。室内空间设计应用"非理性"的表现方式使设计师的固定思维模式得到解放,脱离了二维

及三维空间的约束,在创意设计中注重几何结的剖析和再创造,对每个布局、每个元素部件包括空间结构、素材、光影、颜色搭配等都重新排列组合在同一个整体空间里,与古板守旧、稳定的室内创意思维形成了强烈的比较。解构主义室内空间创意设计常把自然现象融入创作里,如流水中石块被侵蚀的形状变化、动植物的内部与外部形体结构和动态结构的解析以及各种施工电路板线结构的变动等。

二、解构主义室内创意设计"反传统"的美学观念

简而言之,设计不可直接表达出理论的内涵,只能用媒介领略其精神从而间接地在现实生活中施行。这里所提到的媒介是有一定功效的、首要的美学概念。解构主义室内设计追求设计出有情调的、新奇的创意作品,来展示新、奇、特的美学观念。基于解构主义理论的室内空间设计师们改变创作方法,超越传统设计驳斥了整体化、遵循规律的结构思维定式,把古板的室内设计模式消融、减弱,将室内设计荣升到资深结构的"反传统"艺术风范并试图构建出空前绝后的艺术形态。解构主义室内空间设计师们用交叉、错位、重叠、空间角度不规则转换来探寻出必然与偶然结合的通道,引领设计潮流创造出"反传统"的新风格。如设计师将钢筋混凝土、钢架、钢板材、玻璃材质、木质、金属、玻璃夹层放置的染色细沙等这些材质随心所欲地拼凑组合在一起,将原有的空间形态扭曲、残缺、散乱地错置,使室内空间质感、审美感、奇绝结构下的功能性全部释放出来,使"反传统"的形式美更加强大,从而增添了新的创意语言形态。

如穿越——外婆家西溪天堂店,其整个空间以"穿越"二字点题,打开了用餐者巨大的想象空间,如同设计师沈雷的设计体验,对过去生活的回忆与呼应。西溪天堂外婆家的空间虽然是钢木、旧瓦和灰墙,呈现的是诉说,建构的只是点状的记忆,但柔情却氤氲在四周的空气中。于隐约之间,儿时的伙伴们推铁环、拍烟纸、放鞭炮及夜卧竹塌乘凉讲鬼故事的情景一一出现。空间用钢铁虫洞、色彩光影还你一个回不去的混杂的新梦,夯土、瓦顶、乌篷船、莲藕、二维码和钢板不只是简单的元素堆放,而是处处能撩动心弦的东西。

三、解构主义室内设计"表现虚无"的语言形态

解构主义室内空间设计是本着猜忌所有、拒绝承认所有的"表现虚无"性态度,对设计中抽象逻辑思维的繁杂性进行领悟、崇尚、确信的全过程。设计师竭尽全力地探索出传统美学里的非规律、非传统的思维模式,遵从奇特的、个

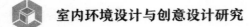

性的、极限的、分解的、扭曲的设计风格,拓展人们的视野。如丹尼尔·里伯斯金创作的犹太人博物馆就是"表现虚无"中出类拔萃的作品。他将局部元素的结构相互交叉形成不同的角度,同时将整体结构破碎处理,产生了神秘、奇特的三维结构。激烈矛盾的三维设计让人们产生了压迫、担心的感觉,这是解构主义室内空间设计"表现虚无"中极其圆满的语言形态。一方面,激发里伯斯金构思的是犹太人与柏林互相交织在一起的历史。柏林市政府给他送去了两大捆档案,里面有柏林犹太人的名字、出生日期、驱逐日期及地址,他亲自考察了这些历史遗迹,并在城市图上描绘出来,相互之间还连上线,得到了他称之为"一个非理性的原型":一系列三角形,看上去有点像纳粹时期强迫犹太人带上的六角的大卫之星的标志。他的另一灵感来源于现代音乐史上一位著名作曲家阿·舜勒贝格。当年,由于希特勒的上台,这位作曲家未能完成自己创作的唯一一部歌剧。他的前两个乐章"华丽辉煌",第三乐章只是重复演奏,然后是持续的停顿。这部歌剧的魅力就在于它的"未完成",里伯斯金深深地为这种"空缺"所打动。里伯斯金越来越强烈地感到,柏林犹太人的悲惨历史远非艺术所能容纳,这激发了他的创作激情,于是决心将这些令人沉重的东西转变成一座历史性的建筑。

博物馆外墙以镀锌铁皮构成不规则的形状,带有棱角尖的透光缝,由表及里,所有的线条、面和空间都是破碎而不规则的,人一走进去,便不由自主地被卷入了一个扭曲的时空,馆内几乎找不到任何水平和垂直的结构,所有通道、墙壁、窗户都带有一定的角度,可以说没有一处是平直的。设计者以此隐喻出犹太人在德国不同寻常的历史中所遭受的苦难。展品中虽然没有直观地表现犹太人遭受迫害的展品或场景,但馆内曲折的通道、沉重的色调和灯光无不给人以精神上的震撼和心灵上的撞击。设计师将犹太人内心的疼痛悲伤之苦用空间的形式表现出来,使后人观看后痛上加痛,表现了战争里苦难恐惧的艺术表达效果。可见,解构主义室内设计"表现虚无"的语言特征形态经过二维与三维的变构处理,更能体现空间设计存在的寓意。

许多人认为这个建筑本身就是一座无声的纪念碑。作为解构主义建筑的代表作,这座建筑无论从空中、地面、近处,还是远处,都给人以强烈的视觉冲击,让博物馆不再是照片展览的代言词,而是更多通过建筑的设计给人一种身历其境的震撼和感受。反复连续的锐角曲折,幅宽被强制压缩的长方体建筑,像具有生命一样的满腹痛苦表情,蕴藏着不满和反抗的危机,无不令人深感不快。丹尼尔·里伯斯金设计的"柏林博物馆(犹太人博物馆)"的整个建筑可以称得上是浓缩着生命痛苦和烦恼的稀世作品。

四、解构主义室内空间设计的表现特征

解构主义设计未来兴盛的趋势将是一个相互合并矛盾的统一体。解构主义室内设计的形态特征与创作手法都是以解构主义理论为基础,对三维逻辑空间的实用功能和艺术创意美学的新思维、新进展、新方向、新手法,用不可缺少的方法进行局部元素设计意识形态的独立扩大方式,是后现代主义的改良和成长,是对固定结构的异常变化、夸张的个性化、不规则的跳动的空间构成、能动的比例等相互对立统一的辩证关系,这也是现代艺术设计的探索趋势。一般来说,在解构主义室内空间创意设计里更多的是学习从中外古典传统的设计到现代设计每个元素间相互融合的技巧。设计师们刚开始将意念以草稿的方法进行展现,然后逐步修改创意思想,将其技巧、文化、政治、形式相互贯通,这将是一个没有尽头的奇特设计流程与传统的设计形式的鲜明对比。解构主义室内空间设计要改变传统室内空间布局形态,肩负着人们历史文化的传承的责任。该理论设计首先想到的是"块"的格局,颜色也是如此交错来显露其条理性。解构主义理论的室内设计通常可显现出矛盾与破损的审美观点,使我们的视野登上更高的地位。

以意大利罗马MAXXI博物馆为例,设计师创作了让人美不胜收的、韵律感十足的、时间与空间相连接的创意作品。哈迪德以探索三维逻辑空间的变通利用性为目的,把原有结构变构后夸大单个元素的使用功能与"块"的几何形体分离、颠倒后相连接,将中庭里半圆式的白色墙面、LED的带状光源与穿透玻璃到室内的自然光线相融合和黑色悬空的过廊跨桥都生动地、彼此重叠地交错在了一起作为了恒久的亮点,同时用变换的形态指明了该艺术博物馆的展示参观路线。运用解构主义室内空间设计的创作手法摆脱了传统界面形式的分割与妨碍,创造了丰富的多元化的动感空间。正是这样的空间形态与罗马的新古典主义历史文脉背景的对比引来了人们的关注并且带来了一定的经济效益,从而再现了如今生存环境的纷乱多变、绚丽多彩。再如,龙山五十七号院子咖啡旅馆室内一门头的设计,其设计师设计的门头运用常规的长方体块的造型与门身"外八"不规则造型,打破了设计常规,门颜色采用浅咖啡色调装饰,与咖啡主题符合,简单大方,体现了原创、创意设计的魅力。

第四节 室内设计创意设计的视觉表现形式

人们获得的各种信息基本是通过视觉来获得,设计中视觉表现形式主要体现在人们对该设计的第一感观,也就是对整个空间的初次印象,用这种感观来评价空间设计的档次及品味,这就是所谓的第一印象。其实,视觉表现形式应该体现在具体的色彩、装饰物、主次分明设计、文化元素、造型设计等方面,只有综合考虑才是正确的审美方式,才能设计出功能齐全,主题明确,具有良好的视觉体验的空间环境。

一、室内设计创意设计中色彩的视觉表现

色彩会影响人的心理与情绪。在任何设计中,色彩的搭配设计是设计师必须把握的重点。目前,在很多高校专业课程设计里面也开设了单独的设计色彩课程。可见,色彩对于设计非常重要,任何的设计离不开色彩。色彩设计讲究的是整体搭配和谐,局部对比,但又要有重点及特色、主次分明等。所以,在室内创意设计中,设计师要加强色彩设计的实践,必须十分重视色彩的视觉表现。

室内创意设计中,设计师的每个设计项目中都会用到具体的色彩,暗红色与黑色搭配装饰性较强,简约风格中的黑白灰颜色搭配堪称经典,但在黑白灰的颜色取舍中需要考虑以哪种颜色为主调。也就是说,需要定好整个空间设计的主基调,辅基调需符合主基调。当然,在黑白灰格调的空间设计中也可以适当地加点其他颜色来点缀空间,如墙面、地面在装饰材料颜色的选择上用米黄色或米白色的材料,这样,视觉表现效果更活跃。人对色彩的感知力非常强,在一个装饰设计方案中,色彩的设计占很大的视觉表现力。作为一名设计师,要善用色彩的组合和搭配,把握色彩的本色属性,擅长色彩的空间构图,认知色彩给人们带来的视觉表现性能。色彩可以调节人的情调,也在调节空间气氛上起着非常重要的作用,只有把握好色彩的属性才能创造出一个好的视觉表现。

二、室内设计创意设计中装饰物的视觉表现

装饰物也称为陈设品。在当今的设计行业,陈设品设计已经成为一门单独

的行业,称为软装设计。行业中一部分设计师从环境设计专业中分流出来成为陈设品设计师。装饰物分为功能性和装饰性两大类:功能性装饰物是以功能为主、装饰为辅;装饰性装饰物以装饰为主,在室内设计创意设计中两者缺一不可。装饰物的视觉表现决定了室内空间的装饰风格与空间的使用性质。设计师要把握好整体装饰物的摆放与选择,在空间布局上一定要细致处理各装饰物的位置、关系及合理性。

三、室内设计创意设计中主次分明的视觉表现

设计行业坚决拒绝平庸设计。在设计中,设计师需要遵循层次分明、功能分布区明确、空间设计有主次之分的原则。在具体的空间设计里,设计界面、造型、陈设等设计也要主次分明,有主次的室内空间设计能给人带来和谐、美观的视觉感观表现。

设计师在设计室内空间时,要求主题明确、功能分布区合理、条理清晰、重点突出,做到有主次之分,这样设计可以在视觉表现上具有更好的视觉效果。如客厅是会客、聊天、视听的功能区,在该空间中会客区是人流较集中的区域,会客区为主要功能区,需配以满足功能需求的沙发、茶几、角几等;视听区为次要功能区,配以满足功能需求的电视柜,空间做到主次分明。在室内界面设计中,墙面的装饰也需分主次,可以把视听装饰墙面设计为主要装饰墙面,吸引人的眼球,沙发背景墙面尽量处理简单些,让整个空间有主次之分。在吊顶的设计处理上也是如此,设计师需要考虑整体吊顶的空间层次与造型的主次之分。

四、室内设计创意设计中文化元素的视觉表现

当人们看到脸谱、剪纸、中国结、灯笼、锄头、书法、皮影、漆器等,会有相关的回忆、有情感的文化记忆。创意设计活动其实也是文化商业活动,肩负着建设美好家园环境与美化环境的任务。在室内创意设计中,加入提炼的文化元素是当前设计师常用的设计手段,文化元素需要进行深度的挖掘,让中国的文化走向世界。设计师把提炼的文化元素运用在具体的设计案例中,进行设计与文化元素的完美结合,增强视觉表现,提升了设计方案的创意设计价值。

五、室内设计创意设计中造型设计的视觉表现

"造型"是人经过思维创意创造出来的物体形象,属于艺术形态之一。在居

住空间、商业空间、公共空间、办公空间、园林设计等室内或室外的空间设计中都离不开造型设计,造型无处不在。设计师在设计具体案例的时候,设计一个造型往往需要进行多方位的推敲,思考如何运用该造型来体现空间设计的亮点,做到细致、主题突出、装饰效果好、表达的空间氛围强。同一部位运用不同的手法与材料来设计该造型会造成不一样的空间视觉表现效果。造型设计具有创意性、新颖性、大气性、唯一性特点。如在一咖啡馆设计中,咖啡馆的大厅、墙面、吊顶、柱子、吧台、散座区、休闲区、包厢区、家具、陈设等功能区都具有不同的造型设计。每个区域在设计的时候,设计手法不能雷同,要不然创意的优势就不能体现;无创意代表造型设计没有较好的视觉表现效果。在方案设计中,由于咖啡馆每个空间的使用性质不同,设计师可以考虑在墙面空白处设置创意留言墙,让顾客可以在上面写建议及签名留念。设计师在设计吊顶造型的时候,需要把不同区域的吊顶造型设计区分开,做到有主有次,如大厅一般来说面积较大,在吊顶设计上,除把握造型的美观性,要利用原有的梁进行不规则吊顶造型设计,配以灯具与灯带来烘托氛围。大厅中的吧台需要兼收银、会谈、服务功能,在设计中要考虑其功能性与美观性、位置的合理性,从而设计出舒适的室内环境。

总体而言,在室内设计创意设计的视觉表现中,各种设计要素有多方面及全方位特点,设计师应该统筹把握创造出舒适、美观的环境设计,方便人在空间中进行各项活动,以提供人性化的环境。

第五节 室内设计创意设计的灵感来源

所谓灵感,就是指思维过程在特殊精神状态下突然产生的一种领悟式的飞跃。在室内创作过程中,人的大脑皮质高度兴奋的一种特殊的心理状态和思维形式,是在一定的抽象或形象思维的基础上突如其来地产生出新概念或新形象的顿悟式思维形式。灵感的萌发是主观和客观相互作用的结果,灵感是对客观事物本质的洞察,艺术典型是对生活原型本质的洞察后塑造出来的,任何科学发展都是根据这一规律而产生的。

要想获得创造灵感,就要积累丰富的知识和经验,有善于发现事物的眼睛和灵敏的观察力,从而不断培养创造性的思维能力。深入研究激发创造灵感的学习方式,对开发智力资源、培养大批创造性人才具有重要意义。可以说,优化学习素质是激发创造灵感的必要条件,塑造健全人格是激发创造灵感的重要前提。

一、灵感的点化、启示、遐想

(一)点化

在平日阅读或交谈中,偶然得到他人思想启示而出现的灵感。如火箭专家库佐廖夫为解决火箭上天的推力问题,通过与妻子的一番话,最终达到了解决的目的。

(二)启示

即通过某种事件或现象原型中的启示,激发创造性灵感。如科研人员从科幻作家儒勒·凡尔纳描绘的"机器岛"原型得到启示,产生了研制潜水艇的设想,并获得成功。

(三)创造性梦幻型

即从梦中情景获得有益的"答案"并推动创造的进程。如睡眠之时常常伴有灵感出现。

(四)遐想

根据资料记载,有人曾对821名发明家做过调查,发现在休闲场合产生灵感的比例较高。从科学史看,在乘车、坐船、钓鱼、散步、睡梦中都可能会涌现灵感,给人提供新的设想。德国物理学家亥姆霍兹说:"巧妙的设想不费吹灰之力意外地到来,犹如灵感。"他发觉这些思想并不是在精神疲惫或是伏案工作的时候产生的,而往往就是在一夜酣睡之后的早上或是天气晴朗缓步攀登树木葱茏的小山之时而萌发的。这些思维活动被我们称之为无意识遐想,即在紧张工作之余,大脑处于无意识的宽松休闲情况下而产生灵感。

二、灵感的突发、亢奋、创造

(一)突发

突发即不期而至,偶然突发。从灵感产生的情形看,它不请而来,不着而至,偶然突发。灵感在什么时候、什么地方、什么条件下产生,是作家不能预料和控制的。它可能在看过千百遍的事物中的某次触发,可能在清醒并艰苦的艺术构思中突然来临,甚至也可能是梦幻状态的下意识闪现。而且,一旦被触发或突然来临和闪现,文思如潮,左右逢源,妙笔生辉,会产生出似乎连自己也意想不到的结果。

别林斯基说:"一个灵感不会在一个人身上发生两次,而同一个灵感更不会在两个人身上同时发生。"设计师无法准确预料灵感在何时、何地、何种条件下产生,也很难控制灵感发生时的情感和理智。灵感发生时,通常是设计师创作精神状态最集中、最紧张的时候,甚至会出现"物我两忘"的状态,这是设计方案灵感到来的标志。

(二)亢奋

亢奋即亢奋专注、迷狂紧张。从灵感出现后的精神状态看,它具有亢奋专注、迷狂紧张的特点,甚至达到入迷而忘我的境地,以至有人把它看作是一种"疯狂"。其实,所谓迷狂状态就是灵感出现之后高度专注敏捷、极度的亢奋紧张状态,并非真正的迷狂,而是作家在创作中废寝忘食、聚精会神于艺术形象的创造,暂时地沉湎于其中而撇开了周围环境中的一切,以致完全"忘我"。

(三)超常

从灵感的功能看,它具有超常独特、富于创造的特点。所谓超常,是指灵感既不是常规思维所能操纵自如的,也不同于常规思维的一般逻辑进程和普通效能,而是"异军突起",效能特异。所谓独特,是指灵感状态有着特殊发现和特殊表现的功能,它的出现是不可预测的、超常的,营造出了一种超出常规的视觉感受。

三、灵感的引发

作为演员,要演好不同的角色就需要在现实生活中体验不同角色,也可以从别人的经验或媒体上,以及凭借想象去了解不同人、不同类型的生活方式。因此,设计师更需要充分体验生活,用心感受生活,用心设计,才能了解很多不同的生活方式。为加深对生活的体验、对自然的热爱,设计师往往为吸收各方面的资源而到不同的地方考察或旅游,透过游历观赏不同地方的设计和艺术,来启发设计师对生活的感悟。

设计灵感的引发需要摆脱习惯性思维的束缚。人们常以固有的习惯性思维模式来对某些事物做出判断,思维方式的不同决定了其对事物认识表现上的差异。在室内设计创意中,我们常常能够体会到这种由思想变化所产生的不同创意行为所引出的艺术形态。在生活和设计创意中,我们一般不太容易感受到习惯性思维对创意产生的影响,往往从个人习惯思维出发,按照特定的生活环境、生活阅历、生活习惯和生活经验等因素所形成的思维特点来理解新事物及艺术认识。如果我们不能以发展变化的观点来看待艺术表达,那么艺术表现就会循规蹈矩,无法释放出个人在表现上的创造能力。按固有的思路去考虑问题,常常会思维迟钝、反应迟缓,阻碍我们去寻找新事物的答案,有人称这种习惯性思维是"关闭了自己解决问题的大门"。在这种状态下,我们在进行具体的室内设计时应该打破常规、换位思考。这对摆脱习惯性思维很有帮助,喜新厌旧也不见得完全就是坏事,阶段性地思考老问题可能就会产生出许多新的思路。

(一)观察分析

在室内创新的过程中,自始至终都离不开观察分析。观察,不是一般地观看,而是有目的、有计划、有步骤、有选择地去观看和考察事物。通过深入观察,设计师可以从平常的现象中发现不平常的东西,也可以从表面上貌似无关的东西中发现相似点。但是,在观察的同时必须进行分析,只有在观察的基础上进行分析,才能引发灵感,形成创造性的认识。

(二)联想思维

联想思维是指人脑记忆表象系统中,由于某种诱因导致不同表象之间发生联系的一种没有固定思维方向的自由思维活动。主要思维形式包括幻想、空想、玄想。其中,幻想,尤其是科学幻想,在人们的创造活动中具有重要的作用。在具体进行创意设计的时候,灵感的萌发中联想思维具有超前的特点,它不受空间、地点、时间的限制。设计师在设计的时候经常会用联想思维模式来模拟设计方案成果,由主观想象占主导,然后加以联想分析、推敲来进行方案构思,从而获得创造性设计活动的思维方式。

(三)综合思维

作为一种思维方式,综合思维是把某一事物的某些要素分离出来,组接到另一事物或事物的某些要素上的创造性、创新性思维的过程。在创造性活动的过程中,要形成好的创意设计就需运用综合思维方式,从中受到设计启发,形成新的创意设计。

(四)实践激发

实践是检验真理的唯一标准,实践是创意设计的平台,创意设计产业的发展离不开实践,现实表明,实践能激发人的潜能,实践可以激发创作热情,实践是推动创意成果成功的桥梁。人只有通过实践才能获得进一步的知识,从而进行创新活动。正如泰勒所说:"具有丰富知识和经验的人,比只有一种知识和经验的人更容易产生新的联想和独到见解。"

(五)激情冲动

激情冲动是份热情,人需之,也珍之。在保持积极的激情和冲动前提下,设计师才能调动全身的力量去创造、开发创意设计产品。激情冲动可以增加设计师的丰富想象力与联想力,让设计师萌发一种全新的观念,引发创意设计的灵感。

如爱因斯坦在一次和朋友共进午餐之时一起讨论问题,忽然获得灵感,一时找不到纸,就把公式写在崭新的桌布上。一次,奥地利著名作曲家约翰·施特劳斯正在餐馆吃饭,忽然一段音乐灵感袭来,由于一时找不到现成的纸,便在自己的衬衣袖子上写起来。灵感的催动使他似有神助,衬衣上的一首就是后来的传世名曲——《蓝色多瑙河》。

(六)判断推理

创意设计判断推理方面,设计师常用图形推理、逻辑判断、定义判断、类比推理来进行设计。设计师在创意过程里进行具体整体、细部创意设计的时候,设计思维常用判断推理方式去分析、验证,在判断推理过程中得到一种全新的灵感设计思维,可以说,判断推理也是引发灵感的一种方法。

灵感是创意的源泉。现实中,进行具体的创造设计,引发灵感不能单用一种方式,需要多种方式综合使用来引发灵感。

第四章 创意要素设计的方法

第一节 感官要素创意方法

感官,泛指人类和动物感知外界刺激的器官或者身体内部的感官神经。就人类而言,感官是指外界事物刺激眼、耳、鼻、舌、身体皮肤时产生的视觉、触觉、味觉、听觉、嗅觉,而这些感觉正是人类认知和感受世界的主要途径,缩短了人与物的距离。感官愉悦是指美感的直觉性,强调创意设计用品进入人们的视野后给人们的直观感受,可以让人们身心放松、心情愉悦。因此,在创意设计用品的亲和设计中应注重用户的感官愉悦,充分考虑感官要素的参与,合理利用视觉、听觉、触觉、嗅觉和味觉。从视觉层面愉悦人的心弦,从听觉层面打动人的心弦,从触觉层面触动人的心窝,从嗅觉层面诱惑人的心灵,从味觉层面温暖人的心房,让人们通过"看、听、触、嗅、品"五个感官系统来体验创意设计。

日本设计大师原研哉在《设计中的设计》一书中映射出五感设计的本质含义,即以感官表现为设计的目的和方向,把沟通设计的理念引入平面设计当中。设计作品传达信息的手段不仅仅是单一的视觉表现,更是充分利用五感——视觉、触觉、味觉、听觉、嗅觉的设计信息传达模式,以愉悦刺激的方式激发受众未曾感知的信息。

一、视觉要素

一般而言,人们对室内设计的认知首先从视觉开始。通过视觉,人们感知室内设计的外观,如造型、大小、色彩、材质等,并对室内设计的外观形成初步印象。然而,初步印象不一定总是正确的,但却比较鲜明、持久,并持续影响着人们的消费行为与心理感受。因此,亲和的室内设计应该在视觉上先声夺人,

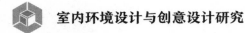

或以有趣、美观的造型,或以舒适宜人的色彩,或以有质感的、舒适的材质,或巧妙利用灯光的衬托效果,给人们带来美的享受,让人们能一见倾心,在满目愉色中感受家的温暖。但是,不同的消费群体对美的欣赏能力与对生活品质的要求是有所差别的,反映到对室内设计的色彩、形态、材质等视觉要素的接受方面就会有所出入。因此,室内设计要根据不同的消费群体选择相应的色彩、造型与装饰等,使之能符合消费者的审美,并能与家居环境相和谐。

二、触觉要素

触觉是指人们通过触摸事物而接收到的事物表面信息,如材料的质感、表面的肌理等,传达给人们的是更加细腻和真实的感受。因此,对于室内亲和设计而言,在考虑外观的同时也需要充分考虑用户接触设计物品时的触感,要合理使用材质,让用户用手去感受创意设计的人文关怀,用心去体会其传达出的细腻情感。如用户经常接触到的把手部分(如门窗的把手),其形态要符合用户的手感和使用习惯,材质要尽量采用可以让用户感到舒适的材料,另外还要考虑那些抓握物体困难或握力较小的用户的情况。

三、味觉要素

一般意义而言,味觉是指味道,包括酸味、甜味、苦味、辣味、咸味等,但也可以指抽象的情味、意味。如家的味道可以是爸爸戒不掉的烟,也可以是妈妈亲手做的菜肴,但无论哪一种味道,家都是那么的温暖和幸福。在室内创意设计中,设计师可以通过色彩、材质、功能等的合理使用、细节的人文关怀、高品质的质量等体现其不一般的味道和品质,进而通过与室内环境的融合体现温馨的感觉,促进人们之间交流和沟通,让用户倍感亲和。

四、听觉要素

声音是情绪的帘幔。心情不好的时候,人们可以通过言语与他人诉说心事,有助于缓解压力;心烦意乱的时候,人们听见悦耳动听的音乐就会感觉平静。声音以它特殊的能力存在于人们周围,无时无刻不在影响着人们的生活,从而也慢慢融入室内设计中。如电水壶烧开水时发出的鸣叫声,可以及时告知人们,水已经烧好,给用户带来一种安全感;打火机打开机盖和点火时发出的清脆悦耳的声音标志着一次完美的点烟,有助于塑造阳刚、利落的产品形象,同时可以愉悦用户的身心。因此,在家居用品的设计中,设计师要把握好声音的魅力给人们带来流畅的人机交互和愉悦的使用体验。

五、嗅觉要素

嗅觉是嗅感受器接触到外界气味而产生的感觉。心理学研究表明,芳香的气味可以使人心情舒畅、身心放松,有利于集中精神。如果将此运用到室内创意设计中,如在家居桌面上摆上一个花瓶插上几束鲜花,或者摆上几盆盆栽,可以让整个桌面都散发出自然的气息,给整个家都带来阵阵芳香,充分调动人们的感官感受,缓解人们的紧张心情。桌面花瓶的加入,既给人们带来视觉上的愉悦感,又让人们在阵阵清香中感受家的味道。如设计师庄卉家曾多次获邀撰写香水杂志专栏和演讲香水美学与设计创意,从设计跨界到艺术到写作,致力推广任何有关美好生活的气味美学。

综上所述,感官要素的合理应用能给用户带来多维的感官感受和心理体验,让室内设计更加人性化,更具亲和感。

第二节 功能机构要素创意方法

功能机构要素决定了产品的结构和形式,体现了产品与人直接的物质、能量和信息交换。产品的材料和结构产生物质功能,产品的形式产生审美功能。产品的造型是在满足产品功能的基本前提下,根据物质技术条件,结合文化审美因素为产品而设计的具有美感的造型设计。造型设计必须考虑优化功能、节约能源和反映使用者心理需求的多方因素,为未来造型而做的造型设计往往不能称为一个成功的设计。物质技术条件是实现产品功能和产品造型的根本条件,是构成产品功能与造型的中介因素。产品设计师必须掌握各种材料的特性和了解现有的加工工艺,甚至要研究更好的功能机构构造技术方法,才能在产品创意设计汇总中游刃有余。

一、功能机构要素创意设计的外在体现

物质是客观存在的实体,不以人的意志为转移。但是,在功能机构要素创意设计的应用实例中有多种类型。以生活中家具用品为例,可以分为以下几种类型。

(一)扭曲、拉伸

在功能机构要素创意产品的使用中,经过特殊工艺加工的纸张具有弹性,

通过扭曲、拉伸能自由收缩、节省空间。这是一种常用的设计手法,可以给使用者带来最大的便利。

(二)收缩

收缩和拉伸属于同种概念,便于使用者使用。乌克兰的设计师 Yurii Cegla 设计的 Pantonia 挂衣架由一排木制的等腰三角形组成,这些三角形叠在一起,并尖朝墙壁,当你需要挂衣服的时候,转一转其中一个三角,另外一个角就会翘起来,然后就可以悬挂衣物,当不使用它的时候也可以把挂衣架当作墙面的装饰。

(三)寄生

用创意设计的语言来说,它是一种产品的衍生,可以产生新的功能。Table Zoo 是上海 PONG 创意工作室设计的一个桌面创意作品系列,把动物的造型和姿态与产品的使用功能结合起来,从而打破常规文具的沉闷,充满了趣味与乐趣。

(四)打破传统

如纽约的设计师 Sebastian Errazuriz 设计了一款由 80000 根竹签覆盖的家具,称为"防御壁橱"。柜门和开口都被隐藏了起来,使用者需要细心找到并拉开滑动门才能看到内部更错综复杂的结构。12 名木工耗时 6 周来制作这个精密而耗费劳动力的家具,每根竹签都分别用锤子钉进事先钻好的木孔中。这个令人印象深刻的橱柜让观者迷失在成千上万个竹签之中,其打破传统、不拘泥规范和形式,从而改变了原来传统的家具外观形式,在视觉上给人眼前一亮的感觉。

(五)可拆卸模块化

在可拆卸和模块化的实际运用中,更多的是与使用者使用过程的交互。在功能多样的基础上为使用者提供更大的便利,如在实际搬运过程中,具有节约空间、质地轻便、价格低廉等优势。

二、功能机构要素创意设计的内在体现

从哲学理论上来讲,功能机构要素创意设计除了体现在外在物质方面,还包括内在精神感受方面的体现。

(一)视觉

人类的感知信息有 80% 来自视觉,这一视觉的功能包含了很多审美的理

论,给人无限遐想的空间。[①]例如,水果不仅仅给我们带来美美的味觉体验,还可以经过巧手的雕琢后给我们带来视觉上的冲击,带来不一样的视觉享受,诱发人的食物欲望。

(二)听觉

在多功能的体现中,除了视觉的满足,附加的还有听觉的感受,背景音乐、广播、歌曲等音阶的高低都会影响人们对功能的判断。如音响是体现听觉创意设计的一种功能性产品,独特简洁的外观设计造型及声音质感也可以给人不一样的享受。

(三)嗅觉

在一些产品的功能中,设计师不能忽视嗅觉带来的感受。不同的感受对人会有相应的审美影响,其中嗅觉是最敏感的,也是同记忆和情感联系最密切的感官。如果把嗅觉应用到设计中,重塑用户体验将逐渐成为新的流行趋势,如日本一家公司创始人 Hiroshi Akiyama 目前研发了一款新型设备,能够在用户散发刺激性体味时发出提醒,从而让用户放心进行社交活动,这款口袋大小的设备称为 KunKun Body。

(四)味觉

在心理学上,由一种感觉引起的其他领域的感觉叫作共感。好的食品包装设计不仅能成功地抓住消费者的眼球,更能让人觉得包装内的食品新鲜美味,令人产生想要购买的冲动。这就是食品包装的味觉暗示在起作用。食品包装的各种设计元素的运用,包括色彩、图案、包装材料等,都会影响消费者从视觉上带来不同的味觉感受,继而影响食品的销售。味觉的反应过程会有一系列化学反应,这就要求设计师在设计时就要注意考察材质的化学腐蚀性,或对味觉方面会有什么样的刺激。我们经常以颜值高、创意好、服务好、味道赞来衡量一家餐厅,味觉也就是口感,如今人的品位提高从而导致了在创意设计中要切入味觉的设计元素。作为一个食品包装,首先给消费者带来的是视觉与心理上的第一感受——味觉感,它的好坏直接影响到产品的销售市场。包装是向消费者推销商品的一种手段,也是商品与消费者的一种桥梁。它将食品的外在与内在特点化为一种生动的设计样式,以期在琳琅满目的货架中脱颖而出,吸引消费者的目光。

①胡海伦.视觉空间的整体结构[J].国外科技新书评介,2005(5):1.

总之,要吸引消费者就要做出具有味觉感的商品,不是美术或图案的单一设计,而是基于市场营销、消费心理、材料工艺、立体构成及平面构成于一体的复合学科。另外,做出具有味觉感的商品,需要我们关注市场、零售终端、消费时尚、材料工艺的变化,这些变化给包装设计带来的新空间结合品牌文化可以把商品的味觉感做出来。至于味觉的强弱,亦即口感的浓与淡,设计师主要靠把握色彩的强度和明度来表现。其实,色彩学家对色彩味觉的理解也只是一个大致情况,食品包装的色彩设计过程还应根据实际情况而定,以使色彩准确有效地传达出食品的味觉信息。

第三节 情感趣味要素创意方法

将情感元素融入家居用品的设计,家居用品就不再仅仅是单纯的物质外壳,而具有了人的内涵、情感、生命力及故事感,可以吸引用户,去感受大自然的生机勃勃,去感受故事里的事,让用户得到某种精神或情感的体验,产生某种情感共鸣,进而提升家居用品的亲和力,缓解人们的精神压力。

家带有回忆,越是久远的东西越能撩拨人心灵深处的情感。有些事物即使消失了,也会扎根于人们记忆深处,如打苍蝇、扑蝴蝶、爬树、钓鱼等,花些心思将这些逐渐消失的记忆元素应用到家居用品中,可以让人感觉产生一种熟悉感,顿时倍感亲切。产品虽然简单,但是细细品味之下也是一种乐趣。这些元素的应用,其实是利用了人们的怀旧情感。怀旧能让人反思过去,保持内心的强大,给人以舒适、亲切、安慰、安全感等,成为人内心的庇护所。如唐装、青花瓷等中国传统文化元素在茶具、杯子等家居用品中的应用,其实也是一种怀旧,会让家居用品看起来特别熟悉亲切,从而受到广大消费者的欢迎。

如果把情感按时态划分成过去、现在和将来,那么亲和力可能是怀旧的(缅怀过去,如逝去的时光、旧物等),也可以是明确的(让人们有归属感,如家的归属感、属于某个团队或组织的归属感),甚至可能是有抱负的(人们的期望或者想成为什么样的人)。情感的这三个时态能够帮助我们更好地把握好家居用品的亲和设计。

情感的将来时,其亲和力主要体现在有理想、有抱负,这种类型的亲和力让人们期望将来想成为什么样的人,想过什么样的生活,有助于人们完善自我形象。一方面,人们希望摆放于家中的产品能得到他人对自己品位的认可与赞同;另一方面,人们希望家居用品的供应商能提供更多的贴心和个性服务,使生活变得更加美好。如可口可乐瓶盖的设计便是很好的情感化设计案例。可口可乐为人们免费提供16种功能不同的瓶盖,购买者只需把瓶盖拧到旧可乐瓶子上,就可以把瓶子变成水枪、笔刷、照明灯、转笔刀等工具,这给了瓶子第二次生命。

情感的现在时,其亲和力主要体现在让人们有归属的感觉。众所周知,每个人都迫切希望有所"归属",否则会感到孤独、异化和无所依恃。以打火机来说,为什么它深受广大消费者的喜爱呢?除了它精巧的设计能给人带来美的享受,更重要的是它让消费者在使用打火机的时候,觉得自己是属于"品位男人"这个圈子中的一员,是属于香烟爱好者中的一员,从而找到一种同类的归属感。如利用手指印加以简单绘制的方式来表达作品的情感和亲和力,具有很好的创意性。在独立的公交车等候凳上面绘制可爱的公交车形象,既吸引了人的注意力,又展现了亲和力。可见,情感可以连接过去、现在、将来,贯穿整个时间线,给人们带来亲和感。因此,设计作品的亲和力要紧扣情感主线,凸显设计的亲和。

第四节 使用交互设计要素创意方法

交互设计,又称互动设计,是定义、设计人造系统行为的设计领域。随着未来信息技术的不断发展,用户、产品和环境的要求与使用交互要素相关的创意设计必然要在全新的设计理念的指导下进行。近年来,使用交互要素创意设计在国内外得到快速的发展,尤其是在电子产品、室内家居、家电、家具等领域,并逐渐得到用户认可。使用交互要素创意设计,首先旨在规划和描述事物的行为方式,然后描述传达这种行为的最有效形式。简单地说,使用交互要素创意设计是对人工制品、环境和系统的行为,以及传达这种行为的外形元素的设计与定义。从用户角度来说,使用交互要素创意设计是一种如何让产品易用、有效并让使用者愉悦的技术。它致力了解目标用户和他们的期望,了解用户在使用产品交互时彼此的行为,了解"人"本身的心理和行为特点,同时包括了解各种有效的交互方式,并对它们进行增强和扩充。

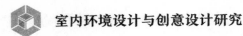

交互设计理论初创于20世纪50年代。到了20世纪70年代，交互设计在理论上从人机工程学中独立出来，更加强调认知心理学、行为学、社会学等学科的理论指导。经过20世纪90年代以来计算机和互联网技术的发展和普及，许多国际大型企业和著名设计公司都把使用交互创意设计作为重点关注。目前，使用交互要素创意设计思想和交互式产品设计已不再限于计算机科学领域的软件产品，正向有形的实体产品设计与开发领域渗透。

对于使用交互要素创意设计的方法，比尔·莫格里奇在其《The Process of Designing Interactions》一文中提出要想有一件好的设计，就必须先了解人们，理解他们的需求、期望、喜好、想法与行为；而雏形的功用更是不容忽视，在早期做出雏形并快速、反复地测试调整，非常重要。他将使用交互要素创意设计的步骤划分为10个元素：限制条件、汇总、设定框架、观念构成、展望、不确定因素、选择、可视化、雏形与评估。这就为我们把使用交互要素创意设计理念融入室内设计的过程提供了清晰的借鉴方式。

总之，良好而有效的沟通是用户与设计师之间最为基本的交互行为。二者在交互过程中通过具体的描述、理解，商讨到最终确定形成初步共识，为创意设计方案的确定奠定了思想基础。

一、用户的抽象描述

在设计领域，"以人为本""以用户为中心"的话题已是老生常谈，而满足用户的需求与思想仍是设计的本质所在。在室内设计领域，用户的各项思虑更是设计活动的基本定位和基础导向，因此对于用户的充分关注成为设计关键。关注用户，即关注其需求、要求，而这类需求或具体要求基本是通过用户的各项描述来获取的。作为信息的传递者、发送者，用户将从自身切实需求出发，以具体的形式为媒介表述相应事宜。然而，由于多数用户不具备专业设计知识、信息传达的方式、语言，以及相应内容可能会出现松散、凌乱、无秩序感的现象，这便需要设计师适时记录、提取并整理相应内容，建立用户抽象描述信息库，以备设计所需素材。

（一）人员概括描述

用户与设计师主要通过电话或面对面交谈，以语言的口头描述形式，目的在于传达其公司或家庭人员具体情况，如公司或家庭成员构成、工作或生活状态、工作生活习惯，以及工作生活方式等内容。其中，对于人员构成的描述可使设计师把握空间整体布局,对于工作生活方式的描述可使设计师从家庭整体的宏观角度获取信息,以控制室内设计的整体氛围。

（二）功能要求描述

功能要求是最为基本的设计出发点。用户通过语言表述室内各个区域的功能状态、相应办公或家居用品的陈设配置等。除了用语言表述功能需求,他们也可以根据参考资料,以具体的图片资源或相应案例呈现信息,这种描述方式可直观而准确地传达其思想。通常的功能描述以满足日常生活需要的基本功能为主,然而也有部分用户需考虑特殊功能。如有特殊爱好者需设置特有功能空间来满足对于爱好的追求,家里有老人、残障人士等特殊成员,在进行家装设计时也应给予特殊考虑和功能布置。

（三）审美心理描述

除功能追求之外,用户通常还会憧憬视觉上的愉悦感。因此,他们会在无意之中通过语言或图片等形式描述其希望看到的空间布局、色彩设置、饰品配饰等元素,传达其对于室内设计某些特定类型的偏爱。此外,对于某些空间布局及室内用品陈设等部分的偏爱描述也可能传达出某一风格倾向,用户本身也许不懂风格内涵或仅了解部分风格特征,然而他们会借助视觉感官的表现形式去阐释、表达、刻画,以期被理解。因此,对于审美心理的描述属细节描述,设计师也许需借助经验和自身感悟去体会。

二、设计师与用户的沟通

用户的抽象描述信息库建立在用户自身的情感与需求信息之上,体现的是单纯的用户态度和思想。因此,若要使设计师能够有效地了解用户提供的各项信息,便必须重视沟通、学会沟通,并且要掌握沟通技巧,认清沟通目的,将沟通这一手段贯穿于整个过程之中,并作为主线去把握。对于用户的各项描述,设计师应针对具体信息与用户保持相应的互动关系,采用适当的方式对其描述给予相应交互反馈,以保证良好的沟通过程。根据实践经验及调研分析,设计师与用户的沟通交互反馈方式,主要以下几点。

（一）语言的交互与反馈

用户所提供的各项信息主要通过语言口头描述的方式来进行传递。在用户描述的过程中,设计师可采用不同的方式进行相应的交流,尤其是在家庭基本情况概述部分,届时主要通过语言来表述具体成员信息、家庭生活习惯或生活方式,用户与设计师之间语言的碰撞也许可使沟通更为深入,从而可引发更多利于定制室内设计的思想。同样,在二期的开展及成本的控制方面更是以语言的沟通交互为主。对于用户功能需求描述以及审美心理特征描述,语言的交互也是必不可少的方式。

(二)文案的交互与反馈

在用户将需求或具体观点进行表述的过程中,设计师将其描述的关键部分以关键词的形式进行记录,形成文案资料,或者用户直接将某些具体思路以文案的方式交予设计师。这种沟通与反馈的交互方式可保证有效信息的获取和保存,对于某类特殊要求也可对设计师起到重点提醒作用。如用户对室内设计在特殊功能方面的需求及部分审美要求等。

(三)图片(包括手绘图)的交互与反馈

除语言与文案的沟通交互方式之外,图片作为交互载体的沟通方式更为直观、明确。用户可根据自身对于室内设计的了解及相应资料,将其直接展示给室内设计师来表达他的要求及意图。同样,室内设计师可根据用户的具体描述将自己的设计案例或是相应资料呈现给用户。如果有需要,设计师可发挥专业技能在沟通过程中将用户的观点或自身设计思想用手绘的方式画出,而后开展进一步的沟通和交流。这种图片沟通方式在用户描述其功能需求及审美需求时最为有效。

总之,沟通是开展设计工作的必经过程。在此,室内设计师需要在交互的过程中了解用户的目的、需求、职业、爱好、个人习惯、品位、个性、造价等。总体而言,设计师与用户的良好有效的沟通是取得理想设计效果的关键所在。

三、设计师对用户的理解

设计方案定位及其最终设计效果均出自设计师之手,呈现的是设计师在综合各项信息之后做出的设计决策,因此,设计师对用户意图透彻而清晰的理解对最终形成设计成果起着非常重要的作用。同时,设计师与用户之间是一种相互合作的关系,在设计的过程中需要多方位的沟通和相互了解,用户会参与方案的设计。设计具有唯一、原创性的特点,设计师结合自己的经验与专业知识,把设计构思转化为具体的设计方案,给用户传达设计意图,用户接收设计师的信息并提出细节需求及自身的个性要求,在设计方面,设计师会最大限度地满足用户个性化、独特性要求。

充满多样性与动态特征的用户需求描述是设计信息源,如果将其表达过程(通过如语言、文案或图片的表达方式实现)当作信息编码过程,那么设计师对于用户编码信息的理解过程可作为解码过程。如若设计师要将用户的编码信息充分解码,那么他需首先在自己丰富的记忆库中筛选出适当方式,并应用相应的解码信息进行合理组织,形成新的解码信息资源,从而建立有效而明确的客户需求信息库,以获得准确、实时、完整的信息资源。

(一)获取用户编码信息

用户作为信息发出者,将承载特定意义的信息内容进行自我编码,而后以语言、文案或图片为传递通道,将其传达给设计师。这种编码信息在特定的通道中以相应的符号形式展现(语言符号或图文符号),目的是希望能被信息接受者理解。例如,通过语言表述室内设计的功能,则是将功能信息以语言符号的形式进行编码;以图片形式展示的审美偏爱,则是将用户的审美心理以图片符号的形式进行信息编码。总之在理解信息之前,首先要最大限度地获取用户提供的编码信息,建立信息资源库。

(二)理解信息——解码

设计师将用户传达的各项信息符号经过自身思维加工后,将其转换成可被识别和理解的信息,该过程即为解码。在此过程中,语言、图文仍是极为重要的通道或载体。设计师采用与用户共有的语言经验,将语言符号转化成具有特定意义的音节,从而进行识别和理解。此外,利用人体感应系统,将用户发出的图片、文字信息码进行相应感受并理解。

(三)理解反馈

设计师将解码后的信息重新整合后,为证实其理解的确切性需求与用户再次互动沟通,将理解后的信息反馈给用户。理解正确,则可完善信息资源库;理解有偏差,则可及时给予调整。

总之,在用户传达信息进行理解与解码的过程中,设计师需要最大限度地从用户的立场看待各种问题,以更为有效且易被双方理解的形式构建信息资源库。

四、协调与一致

设计,实质上是由设计师与用户共同参与的双边性活动,我们不可单纯关注与强化该活动中某一方面淡化另一方的观点与思维,二者在设计中均有不可或缺的作用。只有他们之间思维的火花彼此碰撞,通过相互协调而达成一致后,才可保证完整的设计工作顺利进行。如果有一部分信息在二者交互中出现偏差,往往会导致整个设计项目的完整性受到影响,设计表达也可能会陷入困境。因此,设计师与用户观点的协调一致至关重要。关于室内设计,设计师与用户之间信息的协调与一致需考虑以下方面。

(一)以用户为中心

创意设计要保证设计项目最大限度地满足用户的各项需求,因此在进行信息协调的过程中,设计顺应引导用户阐述其具体思想,并在沟通过程中尽量从用户的角度出发,将用户的需求导向作为协调一致的主线,以实现创意设计带给用户的愉悦性体验。

(二)设计师提供信息补充及优化建议

多数用户是不具备设计专业知识的普通大众,在表达相应信息时可能会出现过于理想化、难以实现或不符合其具体状况的内容。此时,设计师当从专业角度出发,在充分理解用户思想的基础上对其观点进行相应解释、补充,并提出合理的、切实可行而又更为有效的信息,使用户得以理解和接受。可见,二者在协调的过程中也对设计内容、设计元素进行了相应的优化,为最终的设计成果奠定了基础。

(三)用户与设计师观点要速成"共识"

用户思想为中心、设计师观点做补充,这看似已较为完善,实质上仍需进一步深入,即二者需达成"共识"。用户与设计师在接受彼此观点时应当建立在充分理解、安心采纳的基础上,而不应有"勉强"之感。如果双方有一方心存偏差,那么设计成果便只能用"差强人意"来形容。因此,在设计之初,二者应当充分表达各自观点,并在交互过程中及时针对各观点进行相应反馈,使双方深入了解,从而达成设计共识。这一过程是极为关键的内容,需给予重要关注。

第五节 心理要素创意方法

一、炽热的求知欲

求知欲,即是对学习新知识的欲望,尤其是探求人类未知的欲望。在心理学上,欲望也常称为动机,求知欲即是求知动机。人们由于缺乏某种生理的(物质的)或心理的(精神的)因素,就会产生与周围环境的不平衡状态,出现某种程度的心理紧张,从而感受到对一定的生存和发展条件的渴求,这就是前述的需要。当其中一部分需要被清醒地意识到必须采取行动予以满足或实现时,就化为动机。求知欲也是这样形成的:当一个人在现实生活中发现自己与别人的知识经验、已知信息、未知新信息之间差距过大或对未知的东西具有很大兴趣时,便会产生一种心理上的失调,并急于想尽快地消除这种不平衡状态,从而萌发迅速采取行动的强烈愿望,这就是求知欲。人的所有行为都是为了满足某种需要,在欲望与动机的策动下发生、发展的。人只有意识到自己知识结构的缺陷和水平不够,才会产生求知的迫切欲望。因此,不停顿地追求新知是创新意识方法的一个重要因素。

二、好奇心

好奇心是创意、创造的萌芽,没有好奇心,就不会有创意思维,更不会有创意思维的花和果。人类文明发展史上的各种发明创造的事实都一再说明:好奇心可以帮助人们选择创意方向,捕捉创新信息,激发创作思路,驱策创造行动。正如法国作家法朗士所说的那样:"好奇心造就科学家和诗人。"如伽利略在做礼拜时望着教堂屋顶上的吊灯在风的吹动下来回摆动,不禁想弄清这种现象的奥妙所在,正是这个强烈的好奇心使他仔细观察、深入思考、亲自试验,终于悟出了单摆运动规律,开创了提高机械时钟计时精度的新路。烧水时蒸汽冲得壶盖跳动,早已是司空见惯的事情,但小瓦特却对这一普遍现象感到十分好奇,想弄个明白,从而改良了蒸汽机。

摄影艺术的发明也有类似的情况。19世纪初,西欧肖像画很流行,只有少数名流雅士请得起名画家为他们画像,而多数追随这种风雅的人,只能请云游四方的画师帮忙,这些人到处赶集,每半小时可画成一幅肖像。这时,对化学颇感兴趣的画家盖达尔想能不能用机械相比学方法,把人的面目和树木景观等像人们说的那样永远定住,从而又大大降低肖像画的成本呢? 这种好奇心为盖达尔带来了新的创意,于是摄影艺术诞生了。早年的摄影师大都是画家,他们从画肖像转向摄影,因为新办法可以多赚钱。

从上述事例中不难看出,对一些司空见惯的现象,大多数人因习以为常而漠然置之,不思寻根究源;而有的人却不满足于惯常的解释和做法,在强烈好奇心的驱使下,力求重新认识,有新的作为。可以说,好奇心表现了人们揭示自然奥秘和社会现象根源的强烈愿望。正是由于有了好奇心,人们才会有对真善美的执着追求,才会涌现出大批功绩卓著、成就斐然的思想家、科学家、艺术家和各种发明家。

强烈的好奇心对创意思维活动的影响,除了使人能善于发现奇事、产生奇想,还能使人把心理活动集中到奇事、奇想上来,从而使注意集中持久,记忆迅速精确、情绪高昂饱满、思维灵活敏捷,为创意思维的顺利开展奠定良好根基。如浙江绍兴朴见茶空间,位于绍兴壹号水街文创园,是由中国美术学院建筑学院院长、2012年建筑界的诺贝尔奖(普利兹克奖)获得者王澍先生进行的建筑设计。朴见茶空间致力中式生活美学的研究与分享,融现代设计理念于传统文化及手工艺,以探索适合当代国人的文化生活方式。在空间设计中,局部顶面装饰采用长短不一的天然竹子来装饰,中间配以灯光,形成独特的光影空间氛围,引发了人的好奇心,可以和三两个朋友抽空去朴见茶空间以茶会友,在闹市中追求一份宁静。

爱因斯坦说过:"我没有什么特殊的才能,不过喜欢寻根刨底地追究问题罢了。"他特别强调要保持强烈的好奇心。只有像爱因斯坦那样怀着强烈的好奇心,不轻易放过所遇到的自己不知道或不甚了解的事物,多问几个"为什么""否则会怎样"等,才会把握住时机,有所创意。

三、创造欲

创造欲是一种不满足于现成的思想、观点、方法,以及物品的质量、功能,而总想在已有基础上创新立异或推陈出新的强烈欲望。它表现为不安于现状,不甘愿墨守成规,对创意或创造总怀有很大的兴趣,对现存的事物总爱寻根究底,大脑里经常出现诸如"为什么是这样""能否换个角度看问题""有没有更简捷有效的方法和途径""还会有什么其他功能""能不能再变一变"等问题。有强烈创造欲的人,绝不安于现成的答案,总想自己独立探索,发现什么新的东西。诺贝尔奖获得者温伯格说："这种素质可能比智力更重要。"有强烈创造欲的人富于进取心和进攻性，因而最富于创新意识，并能及早化为实际行动。

四、大胆质疑

质疑是创新之始，没有疑问，就不会有创意。巴甫洛夫说过："怀疑，是发现的设想，是探索的动力，是创新的前提。"要想有新的创意，就得先有问题。大作家巴尔扎克说："打开一切科学大门的钥匙都毫无疑问的是问号。我们大部分的伟大发现都应当归功于'如何'，而生活的智慧大概就在于逢事都问个为什么？"我国杰出的地质科学家李四光也说过："不怀疑不能见真理，所以我希望大家都敢怀疑问题，不要为已成的学说所压倒。"

真理与疑问是互为滋养的，"疑乃悟之父"这句至理名言为许多人所推崇。哥白尼不怀疑"地心说"，就不会创造"日心说"；爱因斯坦对牛顿经典力学体系不产生疑问，不找出其缺陷，就不会发现相对论；马克思不怀疑黑格尔唯心主义辩证法，就不会创立唯物辩证法……科学上的创意和发现，无不从疑开始。"？"的形状很有创意，像一个钩子，脑子里有了这个钩子，就可能勾出很多的创意。三角形的内角之和等于多少？只要稍懂初等几何的人都会说是180°，这是历经千百年来实践证明的定论。欧氏几何就是以其严谨的逻辑结构和严密的逻辑推理而芳泽绵长、经久不衰，至今中学的《平面几何》还以它为蓝本。但是，有人对欧氏几何基石的第五公式产生疑问：能否把它在公式中删除？或使它变为定理？俄国数学家罗巴切夫斯基大胆地以一个新的公式引出了"三角形内角之和小于180°"的推论，并用该新公式同其他公式进行推演，创立了罗氏几何。后来，德国数学家黎曼又改写了第五公式，得出了"三角形内角之和大于180°"的结论，建立了黎曼几何。两次怀疑、两次创意、两大发现，导致了以后在天文观测、航海以及相对论领域广泛获得应用的新兴几何学的诞生，促进了科学的飞跃发展和技术的重大进步。正如古人云："学贵有疑。小疑则小进，大疑则大进。疑者，觉悟之机也。一番觉悟，一番长进。"

马克思在《自白》中回答"你所喜爱的座右铭"这个问题时，毫不犹豫地写道："怀疑一切。"这是发展科学、追求真善美的科学总结。人世间的一切事物总是在不断地演变，人类的认识和实践总要不断地发展，要跟上时空的发展，就要不断有新的创意，就得从质疑开始。

第六节 自然要素创意方法

从古到今,人与自然的关系一直在发展、演变,这是个循环不息的过程。自然对于设计而言就像是一个巨大的宝库,取之不尽,用之不竭。自然中物种丰富,每一种物种都有它独特的魅力,带给我们创作的灵感,点燃创意的火花。在自然界中,我们可以找到许多可以应用的素材,它们千变万化,无处不在。自然界生动具象的形态在现实从古到今社会中各个领域都有体现。虽然这在当今创意设计中并不占据主导性的地位,但它一定是最有生命力的设计。

源于自然的创意设计方法,顾名思义,设计灵感来源于大自然。人类自从诞生开始,便对自然不断地进行探索。时代、地域不同使人类在与自然的交流过程中产生的感悟和情绪各异,这在流传至今的文化和不断发掘的考古实物中都有体现。①

这种设计方法是从远古时期随着原始文明一起产生的。随着生产技术和生产力的发展,社会从愚昧走向文明,知识文化不断沉淀,社会活泼有序、分工明确。手工制造业壮大、细分,使越来越多的人专职从事手工业而成为工匠,这就是最初的设计师。工匠往往担当着从准备原料到设计构思再到加工制作,甚至经营销售的整个系列工作。随着社会的发展,设计工作不再单凭经验估计,而是借助科学、周密的思考、设计来绘制效果图,然后根据图纸审视造型是否恰当、色彩是否搭配,制作工序、生产成本等问题也有实际的图片作为依据,进而保证了最后制成的作品与最初的构想一致。从此,设计从制造业中独立、脱离出来,不再是附属的环节,而是一个单独的、重要的行业。

源于自然的创意方法沿用至今,设计出的作品亦随着时代的发展而演变。同样,源于自然的创意思路从远古的敬畏之情、崇拜之情,到现代的轻松、惬意、亲切之感。人们学会了和自然相处,利用自然,开始注重回归自然,意识到了自然的珍贵,也更加热爱自然元素。

一、传统审美的思想传承

自然,广阔而神秘。世界之大皆为自然,人类自诞生起就一直不倦地探索

① 王莹. 大自然才是灵感来源——浅谈仿生设计在建筑艺术中的应用[J]. 家具与室内装饰,2012(8):2.

着广阔无边的自然,纵使科技发达的现代,自然仍有许多未解之谜,仍有许多地方人迹罕至,只留下玄幻的传说,待人解开这神秘面纱。自然丰富而多彩,物种繁多,无论天上、地下、海里,都形态迥异、生机盎然。经过不断地进化、演变,每个物种都有自己独到的形态和结构。

智慧的先人喜爱自然,崇尚自然,中国的艺术哲学也一直以自然为标准、以自然为美。老子《道德经》中所言:"人法地,地法天,天法道,道法自然。"如果说人、地、天中的一切都以道为规则,那道则以自然的状态为规则。传统的道家哲学推崇世间万物,遵循自然的法则,一切自然而然地存在,一切自然而然地发展。庄子的"天地有大美而不言"进一步展开了美在天地、美在自然之道这一美的命题,把审美对象扩展为无限广阔的一切。天地间万物悄无声息地生长、繁茂、衰败,展示着生命的千姿百态;物竞天择,推陈出新,神奇而伟大的力量默默地改变着世界;自然静静地以它的规律运行;斗转星移、日夜交替、四季轮转、始终往复,带给我们每时每刻不同的感悟。天地中,一切是自然之道的具体体现。自然美无处不在,悄无声息地绽放魅力等待你去发现。

二、自然丰富,取之不尽、用之不竭

(一)植物

自然中的植物多种多样,因时间不同、地域不同,也有很多变化。无论是百年的苍松翠柏,还是树下茂密的小草,都可以激发设计的创意。罗素有句名言:"参差多态乃是幸福的本源。"形状不同、颜色各异的植物参差多变,但却同样美丽,带给我们幸福的感悟。自然中一草一木都有着独特的美丽形态,树枝的苍劲线条、树叶上细密的纹路、含苞待放的花蕾、绽开的花瓣微微卷曲的线条、花瓣间的排列有序、花与叶的相依相称,处处都是启发创意的素材。

人类从刚诞生起,就采集浆果为食物,用树叶遮体。直至今日,人们的生活还与植物息息相关、紧密相连,如粮食、水果、服装、家具、书籍等。植物带给我们食物,供给我们各种资源,产生维系生命的氧气,装饰我们的城市和家园,为我们在阳光下撑起一片绿荫,给忧郁的人一丝期望。可见,植物题材可以给人心理上带来轻松、自在、亲切的感觉。

(二)动物

对于原始人来说,动物是敌人,同时是食物的主要来源。生活,不是成功猎杀动物,就是被动物猎杀成为它的食物。当时的人们惧怕动物也崇拜动物,一

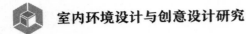

面惧怕它们的利爪和尖牙,一面将动物的利爪和尖牙作为力量的源泉和象征崇拜。在原始时期,人类对于动物的感情表现在创意作品上多为敬畏、崇拜之感,较为凝重。

步入农业社会后,人们开始饲养动物,如猪、羊、牛、马、狗、鸡,凶猛的野兽已慢慢淡出人们的活动范围。随着社会的发展和文化的沉淀,人们对各种动物的习性有了一定了解,结合外形、读音等方面对于各种动物的喜爱和寓意也有了较为统一的认识,这主要体现在建筑、工艺美术、图案等领域。如蝙蝠象征"福",五只蝙蝠寓意"五福临门";牛是勤奋踏实的代表;虎是力量、权威的代表;金鱼寓意"富贵、自由";龙一直没有露面,却千百年来活跃在装饰、图案及建筑等创意设计艺术中,不仅仅是皇家的象征,也成为中华民族的精神象征。

(三)人物

人是自然的产物,在自然创造的环境下生存,从自然中索取资源,为适应自然环境而劳动、生产。没有人能离开自然生存,人的一切劳动与收获、物质与文化都依附于自然。自然像是母亲一样,慷慨地给予。历史上有很多以人的身体局部为题材创作的作品,如手、手臂、头、脚,还有一些是以五官为题材进行创作的,如眼睛、嘴、耳朵等。

三、自然与创意的不解之缘

人通过自己的创意和劳动,制作自然没有的物品,但这种创作和设计也离不开自然提供的材料和设计灵感。自然提供资源和创意模仿对象,自然与设计当然有着不解之缘。

(一)没有自然资源就没有设计的可能性

自然中丰富的资源是设计材料的巨大仓库。如首饰上实用的材料绝大多数是自然中直接产出的矿产,有些采用的是合成材料,有机玻璃、树脂、塑料之类,不过这些合成材料也都是利用自然中的物质加工提炼出来的。

(二)自然是设计的创意来源

早期人类通过观察自然中的现象,总结规律,积累生存、生活的知识。创意是从自然的无言运转中领悟到的。如观察到木片能在水面漂浮,人开始尝试抱着树木漂浮。可以说,最初的尝试和探索,经过不断地实践、改进和总结,积累出现代我们赖以生存的社会。

（三）自然是创意之师

自然就像是一位知识渊博的老师,各个领域的发展创新都依赖着自然中学到的创意。一直以来,人们向自然学习,如向鱼、青蛙学习自在地在水中游泳;向蝙蝠学习雷达定位;等等。

第五章 室内陈设创意设计

第一节 室内陈设的功能及艺术性要求

室内陈设是指对室内空间中各种物品的陈列和摆设。陈设是室内设计的升华和延续,侧重于对空间环境中装饰物搭配的设计,画饰、灯具、摆设、床上用品、窗帘、地毯、植物等都是其中的一部分。好的空间环境配饰会给生硬的空间以生动的活力。不同的艺术品在室内陈设中的作用和效果是不一样的,选用合适的艺术品对加强室内环境的艺术气氛有重要作用。

绘画作品的特点是既能装点墙面又不占空间;雕塑作品的特点是既能点缀环境又能在一定的条件下起到空间过渡的媒介作用。但是,艺术品的陈设并不是一件随心所欲的事。首先,要考虑艺术品一旦进入室内空间,就必须从属于它所在的空间,成为室内空间艺术形式的一个组成部分;其次,要注意到任何一件艺术作品都有其自身的存在意义,决不能因为它从属于特定室内空间而丧失了本身的艺术特性和价值。因此,如何恰当地选择和陈设艺术品是值得认真研究的。如在一个侧面开窗的长廊拐角处,设计师往往面临一个末端的处理问题。这种狭长形的空间端部是装饰上的难点,弄不好就会出现"败笔"。

或许,也可以用小型雕塑来强调一下这个容易被忽视的角落,从而使之获得适当的空间地位。同时,所陈设的雕塑拥有了充分展示自己的理想背景。如当一组很舒适的家具按室内功能和人的行为"流线"靠在大空间中的某一侧面时,位置虽合理,但不够引人注目。如果在这组家具的背景墙面上挂一件合适的绘画作品,既能加强空间之间的联系,又能充分地展现绘画作品的本身。显然,选择和陈设美术作品,一方面要求设计师要善于把握空间位置,另一方面要求设计师有较好的艺术素养,能选择与特定空间内容相关,风格协调的美术作品。如果设计师缺乏造型艺术修养，有墙便补、有空就摆雕塑，只能是败坏艺术作品、破坏空间气氛。

第二节 室内陈设的创意思维语言

室内陈设设计是一个极富"人性化"的概念，使用者的定位是我们设计是否成功的关键，也是"以人为本"的真实含义。室内陈设是表达空间情感非常重要的手法之一，其对家居设计的成功与否有着重要的意义。

陈设之物之于室内环境，犹如叠山、堆石、亭台、楼阁、廊窗、花草树木之于园林，是赋予室内空间活力与精神价值的重要元素，室内空间如果没有陈设品将多么乏味和缺乏活力，就像是一幅仅有骨架没有血肉的躯体一样，是不完善的空间。室内陈设艺术在现代家居空间设计中的重要位置可见一斑。由此说明，装饰陈设艺术在家居室内设计中的应用规律、地位和作用，同时借助其对室内环境的改善，冲淡和柔化了工业文明带来的冷酷感。

在环境中，除了空间构成物，其他都是陈设物。现代室内陈设艺术不仅直接影响到人们的生活质量，还与室内的空间组织、能否创造高水准的美好环境有密切关联。现代室内陈设在满足人们生活需求、休息等基本要求的同时必须符合审美的原则，形成一定的气氛和意境，给人们带来美的享受。陈设品的基本类型有实用型、装饰型和两者兼有的实用装饰型。室内陈设品的种类繁多，不拘于形式，常用的有古玩、书籍、乐器、字画、雕塑、插花、绿色植物、织物（如壁挂、窗帘、台布、床罩等）、口用器皿、家用电器及其他物品。它们的运用非常广泛，都是为了满足人的使用和精神上的需要。但是，最值得我们重视的是，在设计时不但要决定艺术品的造型和放置位置，还应对它的主题和表现手法提出具体要求，以保证室内陈设品对室内空间的使用功能和精神功能相协调。

功能关系一方面体现在陈设品的搭配组合中，另一方面体现在和空间、界面相适应中。在大空间中往往存在无界面限定的、相对为人所感知的小空间。这种小空间，在其中活动会带给人们一种亲切感、安全感、领域感，是人心理所需要的，这在学术中叫"场"，往往是由陈设艺术来创造的。比如，休息大厅中用地毯和沙发构成的休息区，屏风小隔断围合的就餐雅座，雕塑及组合雕塑控制的空间等。如果界面装修方面顶棚的造型和灯光或地面的造型和灯光能够和陈设艺术品相适应,所形成的这种"场"将更加完美、更加强烈。

气氛即内部空间环境给人的总体印象,如欢快热烈的喜庆气氛、亲切随和的轻松气氛、深沉凝重的庄严气氛、高雅清新的文化艺术气氛,等等;而意境则是内部环境所要集中体现的某种思想和主题。与气氛相比较,意境不仅被人感受,还能引人联想、给人启迪,是一种精神境界的享受;意境好比读了一首好诗,是随着作者走进他笔下的某种意境的。盆景、字画、古陶与传统样式的家具相组合,创造出一种古朴典雅的艺术环境气氛;地毯、帘饰等织物的运用使天花过高带来的空旷、孤寂感得到缓解,营造出温馨的气氛。

第三节 室内陈设方案构思过程体现

室内陈设以表达一定的创意思想和文化内涵为着眼点,并起着其他物质无法替代的作用。它对室内空间形象的塑造、气氛的表达、环境的渲染起着锦上添花、画龙点睛的作用,是整体室内空间必不可少的内容。因而,陈设方案的构思必须和室内其他物件相互协调、配合,不能孤立存在。

一、室内陈设方案构思特点

(一)创造环境气氛

气氛是给人进入内部环境的总体印象,在室内中能被人感受到具体的意境,还能引发人的联想并给人启迪,是一种精神世界的享受。如欢快、轻松、喜庆、沉重、自然、庄严、高兴、亲切等气氛。如用向日葵为主题元素的陈设品装饰室内墙面,色调可采用米黄色,就会给人亲切、自然的氛围。

(二)二次空间的营造

由墙面、地面、顶面围合的空间称为一次空间,由于其特性,一般情况下很难改变其形状,而利用室内陈设物分隔空间是首选的好办法。这种在一次空间划分出的可变空间称为二次空间。在室内设计中利用家具、地毯、绿植、水体等陈设创造出的二次空间不仅使空间的使用功能更趋合理、更能为人所用,还能使室内空间更富层次感。如设计大空间办公室时,不仅要从实际情况出发合理安排座位,还要合理分隔组织空间,从而达到不同的用途。

（三）强化室内设计风格

陈设艺术的历史是人类文化发展的缩影。室内空间有不同的风格,如古典风格、现代风格、中国传统风格、乡村风格、朴素大方的风格、豪华富丽的风格。陈设品本身的造型、色彩、图案、质感均具有一定的风格特征,所以它对室内环境的风格会进一步加强。古典风格通常装潢华丽、浓墨重彩、家具样式复杂、材质高档做工精美。适合的陈设品可以起到柔化空间,调节环境色彩的作用。

二、室内陈设方案构思原则

（一）陈设品的选择与布置要与整体环境协调一致

选择陈设品要从设计主题、创意思想、区域环境、地域文化、材质对比、色彩搭配、空间造型等多方面考虑,与室内空间的形式和家具的样式相统一,为营造室内主题氛围而服务。

（二）陈设品的摆设位置、方向、高低、比例、大小要与室内空间尺度及家具尺度形成良好的比例关系

它可以起到空间设计创意的点睛作用,也可起到陪衬的作用,主次得当,丰富室内空间的层次感。在陈列摆放的过程中要注意,在诸多陈设品中分出主要陈设及次要陈设,使其在与其他构成室内环境的因素组成的空间中形成视觉中心,而其他陈设品处于辅助地位,这样不易造成杂乱无章的空间效果,加强空间的层次感,最终达到视觉上的秩序美感。

（三）陈设品选择与布置不仅能体现一个人的职业特征、性格爱好及修养、品位,而且还是人们表现自我的手段之一

如东南亚设计元素运用藤料壁纸通过藤制纹路里慢慢流淌出的浪漫情怀定会触动你的多情。不惜在墙面、地面铺上红色、藕紫色、墨绿色等华彩的基调,类似黑胡桃木的藤制家具是最好的选择。布艺搭配方面,深沉的格调能冲淡基调的张力,让艳丽的布艺和墙地面共舞,成就最典型的东南亚风情。泰丝的流光溢彩、细腻柔滑、不着痕迹的贵族气息及在室内随意放置后的点缀作用是成就东南亚风情最不可缺少的道具。如珠片、贝壳等手工添加的装饰物、芭蕉叶烛台、金竹小吉祥鸟是最佳选择。室内陈设构思应该是地域性、时尚性、艺术性、科学性与生活的整体性结合。设计家具的陈设布置,应先考虑空间内的活动区和放置家具的地方陈设合理与否,如商务、会议的场合,摆设应显得庄重、严肃,否则会给人拥挤杂乱之感;休闲、度假的场合应显得活泼、自由。

第四节 个性、品味、档次在室内陈设艺术中的要求

在哲学的范畴中，个性与共性是辩证统一的关系。共性是指同一类事物所具有的普遍性；个性相对于共性而存在，它是指同一类事物中一个事物区别于其他事物的特殊性。从审美的角度来讲，个性是指审美标准大致趋同，但审美趣味各不相同，即在同一时代背景下，同一事物表现出的不同风格。

在居住空间设计中，共性是指所有居室共同拥有的普遍特性，即满足穿衣、吃饭、休闲、娱乐、休息及其他生活所需的特性。个性是建立在居室普遍性的基础之上的，是居室所拥有的不同于其他居室空间的风格、陈设、室内氛围、空间格局等方面的特性。在居室空间设计中，个性必须依附于共性而存在，这点要与纯艺术的个性相区分。也就是说，居室空间个性化设计要先满足居室的普遍性需求，才能从审美的角度出发追求与众不同的室内设计风格。

居住空间个性化设计是设计师依照业主或使用者的基本情况、情感需求及使用目的，结合自己的专业知识给出的融入使用者理想、信仰、价值观、审美和个人特点的设计。居室空间的个性由室内功能布局、基础立面装修、照明、色彩与陈设设计等设计要素共同体现出来，各设计要素不是孤立存在的，也不是机械结合在一起的，而是相互之间统筹配合，共同体现居室空间的个性化特征。

居室空间的个性化具有时效性、相对性、独特性、差异性等特点。首先，在不同的历史发展期，人们对居室个性化的认知是不同的，在一个时代中最具个性化的符号随着时间的流逝可能不再体现个性，这就是个性的时效性特征；其次，在同一历史时期，不同使用对象对居室空间个性化的需求不同，如富丽堂皇的居室装修对商人来说是具有个性的，而对于文人来说却只是一个五星级酒店，这就是个性化居室具有相对性的具体体现；再次，由于个性化居室设计要求有不同于其他居室的设计要素存在，所以个性化居室设计具有独特性和差异性。在居室设计中，要对个性化特征有清楚的认知，才能因时、因地、因人地展现居住空间的个性化。

室内陈设艺术产生的原因是人类社会科学与文化艺术的高速发展，其最终的作用是改造和完善人们的生活环境。室内陈设艺术是现代室内设计的延伸

产品和重要组成部分,是室内环境的再创造,有着多样的形式和广泛的内容。其重点研究的内容涵盖了室内空间中物质领域的事物,是美学在物质领域的运用。在室内陈设艺术中,同样蕴含着美学因素。室内陈设艺术在人类诞生的时候起就应运而生了。从古到今,从建筑到室内设计,设计理念和形式都发生了非常大的变化。现代陈设艺术理念体现了新的时代精神,它的意义已经不单是营造室内空间的环境氛围,同时更多地体现了人们对生活的审美追求和人类的意识形态及美学理念的转变。

由于历史文化、地域特色的不同,室内陈设艺术形成了不同的特色和文化特征与审美理念。例如,中国古代的室内陈设艺术理念与中国的传统审美哲学紧密相关,这些思想和理论在现代社会依然能够借鉴和运用。无论是传统的室内陈设艺术还是现代的室内陈设设计,都体现了文化理念和审美观念的结合。从功能性上分析陈设艺术,设计师主要从精神文化角度通过各种手段和形式,将具有功能性和装饰性的陈设品加以演绎,营造出风格统一的室内环境。室内陈设品往往体现主人的人生观、价值观和个人修养,因此,功能性陈设能间接地反映出人的精神世界,体现室内陈设艺术具有的精神与物质文化相融合的特性。室内陈设艺术的美学特征主要体现在内容与形式的统一、功能性与美感的统一、环境与心理的统一等方面。

在居住空间陈设设计中,尊重文化差异表现在尊重不同时期、地域与民族文化的差异,尊重居住者个体文化差异两个方面。前者的实现需要设计师有足够的知识储备,能够准确把握设计发展的时代命脉,对历史文脉有深入的研究,能够从专业角度完成室内陈设设计;后者的实现需要设计师充分与业主沟通,准确把握居住者的情感需求,并结合自己的专业知识,给出最优的个性化设计方案。

第五节 室内陈设品创意设计在室内设计中的应用

一、室内陈设创意设计中各要素在室内设计中的应用

(一)织物在陈设设计中独具魅力

织物在现代陈设设计中占了相当的比重,备受人们的青睐。从窗帘、床罩、

沙发布、地毯到壁挂、帷幔及各房间的家具陈设,织物除了具有遮蔽、隔声隔热、调节光线等作用,还能通过它的色彩、纹理和性能的丰富多样性柔化室内装饰中生硬的、冰冷的线条,分割室内空间,使室内居室环境显得温馨舒适和富有人情味。

从室内陈设设计角度看,织物的不同色彩、图案、肌理及品质都会给人带来不同的心理感受:红色调给人以热情、温暖之感,蓝色调给人以安静、清凉之感;大图案给人简洁、醒目的印象,小图案带给人秀美之感;丝绸质地轻薄,给人以动感,麻绒质地厚实,富有立体感。在现代建筑中,由于窗户所占墙面面积逐渐加大,故窗帘在织物选择与搭配中所占比重越来越大。窗帘不仅具有遮光、阻挡视线的功用,使室内空间具有私密性和安全感,它的艺术化选用也给人带来良好的视觉效果,在营造室内良好的氛围中起着较强的渲染和烘托的作用。例如,高而窄的窗户可选用富有装饰性的窗帘盒和帷幔或两侧伸过窗框的窗帘,这样可以在视觉上增加宽度。矮而宽的窗户可使用齐地的长窗帘,可在视觉上加大长度。不同窗户类型要选择适合的窗帘形式,应从室内整体协调角度,做到窗帘与室内家具、墙体、地面等统一。

织物在室内陈设设计中使用面积比较大,用途比较广泛,所以它对营造室内的氛围、色调和意境起着很大作用,而且它便于更换和选择,能充分体现居住者的个性,并为设计提供无限的可能性。

(二)家具在陈设设计中的风格特色

家具是室内环境中具体功能的主体,是满足人们生活需求的产物。家具的尺度、比例等直接影响着室内环境的舒适性;家具的造型、色彩和材质直接影响着室内空间氛围。因此,家具的设计、选择和布置是室内陈设设计的重要任务之一。受地域、民族、风俗习惯等不同因素的影响,家具的形式千变万化。

中式古典家具一般是指明清时期的家具。这一时期的家具按使用功能可以分为五类:坐具(长凳、椅子、坐墩等)、承具(炕桌、条案、茶几等)、卧具(榻、罗汉床、架子床)、皮具(箱、架格、立柜等)及其他家具(屏风、镜台灯台等)。明至清初时期,家具造型简洁大方、线条单纯有力、强调比例适度,然而到了清中期,造型趋向复杂,装饰华贵、雕饰增多,忽视了家具结构的合理性。按各地家具做法不同,主要划分为"京作""苏作"和"广作"。"京作"作为一个概念,主要是指清盛世时期,内务府造办处宫廷作坊在北京制造的家具,小部分指内务府下令在江浙两广等地监督制作的供宫廷使用的家具,以紫檀、黄花梨和红酸枝等几种珍贵木材为主。京作家具的主要特点是宫廷风格鲜明,工艺讲究。广作家具因受西方巴洛克和洛可可风格影响,整体特点为厚重、繁琐,装饰纹样中西合璧。苏作家具则造型轻巧典雅,饰面上常用浮雕、线刻等表现手法绘制草龙、方花纹、灵芝纹等图案,以黄花梨木制作居多,它最为集中地反映了中国传统家具的特点。明清代家具是我国古典家具设计制作的高峰,代表了中国家具的辉煌成就。

欧式古典家具所追求的是一种贵族高雅式的古典美。其以白色、黄色、金色等为主色调,色彩大方、和谐;制作工艺精致、讲究,从整体到局部,都镶花刻金,给人一种精巧细致、精益求精的印象,并散发出强烈的传统文化底蕴与历史气息。①

美式家具由欧洲风格家具发展而来,由于美国是一个怀旧的民族,因此在家具的设计上追求古朴、仿旧的风格,如仿造岁月侵蚀或人为破坏等留下的痕迹,塑造出历史的延续效果。美国人有很强的自由及创新意识,故在家具的设计上更突出个性,家具的设计比较随意。美式家具不像欧式家具那样镶金贴银、追求华丽,而更多地注重大气、舒适与实用。

北欧家具主要是指欧洲北部丹麦、挪威、瑞典、芬兰四个国家的家具风格,因为这些国家地处寒冷地区,森林资源较为丰富,因此,人们追求的是一种回归自然、朴实无华的原生态设计风格。北欧家具造型简洁、人性化,在自然着色的基础上,融入了原木的天然纹理,展现出一种干净明朗、朴素自然的理性美。

从19世纪中期开始,家具设计逐渐走向现代,包豪斯学校家具造型组的设计,成为现代家具确立的标志。现代风格家具追求时尚与潮流,其简约与实用的设计理念非常符合工业化社会下现代人的生活品位。其把功能设计放在首位,注重线条的简约与流畅,大致可分为以下三种类型:时尚色彩家具,这类家具色彩对比比较强烈,大多为年轻人所喜爱;原木风格家具,以实木为框架,外贴实木木皮,表现出自然的清新与韵味;现代金属家具多使用现代工业化材料制成,装饰元素也较少,带给人很强的时代感。

良好的室内空间环境不仅包括空间布局和结构形式的合理,更重要的是家具的选择与搭配。要使室内环境更加完美,所选择的家具风格不仅要与室内总

---

①曹春雨,张响三,曾瑜.现代"欧式新古典"家具的设计方法探索[J].家具与室内装饰,2012(2):2.

体风格一致,更要符合居住者的生理及个性需求。在一个特定的空间内,家具是室内设计所表达的思想、文化的载体,从属并服务于室内设计的主题,但同时是室内设计突出表现的一部分。

(三)装饰艺术品在室内空间中的文化体现

所谓艺术品,就是艺术家通过审美创作产生的作品,是艺术家知觉、情感、理想、意念等综合心理活动的产物,包含了艺术家对事物的认识和独特的见解。装饰艺术品的范围比较广,其显著特征是具有一定的观赏价值,如绘画作品、书法、雕塑、陶瓷、各种工艺品等。首先,在室内空间中,装饰艺术品可以进一步表现室内的环境特征,使居室空间层次更加丰富,起到烘托室内氛围的作用。如在一个新中式风格的室内空间里,其台面摆放具有中国传统图案的瓷器、手工艺品等,更加凸显室内的清雅与幽静。室内陈设设计是一门综合的艺术,需要各个要素之间相互协调,才能更加完美。装饰艺术品作为室内装饰的要素之一,如果它的品质低劣,那么也会影响室内环境的品质。其次,装饰艺术品可以强化室内设计风格或地域特色,如东南亚风格中,室内装饰多以天然木材、石材、藤为主,并配有浮雕、木梁等装饰,若在室内摆放一些带有岛屿特色的精致艺术品,则更能贴近自然与原始风味。在某些具有民族特性的室内空间中,可以选择代表本民族特色的艺术品作为装饰,更能增添室内的独特韵味。

装饰艺术品能体现一个人的爱好、品位、修养等,是人们自我表现的一种手段。同时,在美的外表下人们赋予了它精神上的价值。装饰艺术品激发了人的求知欲与鉴赏能力,增加了人对生活的趣味,是人们用一种现代的设计语言诠释对文化艺术的理解与感受。

(四)室内植物的应用及文化寓意

随着现代城市建筑规模的扩大和社会生活节奏的加快,生活在喧嚣城市的人们长期处于精神高度紧张状态,同时雾霾天气和赤裸的现代建筑充斥着人们的生活,因此更加重了人们对自然的渴望及田园生活的向往。这时,花草引入居室内就成了一种绝佳的手段。室内绿化设计是在建筑内种植或摆放观赏植物,构成室内设计不可分割的部分。

室内植物不仅能够调节室内空气质量,还可以丰富室内空间、活跃室内氛围,给人在室外所没有的安全感。在进行室内绿化时要考虑植物的美学效果,植物绿化与室内环境是一个整体,植物的大小要与空间的尺度相协调,植物的高度不应过高,否则会给人一种很压抑的感觉。既要满足植物的生存条件,如光照、温度和湿度,还要满足人们的视觉需求。室内植物不仅可以与室内元素结合,形成隔断作用,还可以作为背景墙,引人入胜。可以说,室内绿化是技术与艺术的结合,绿色植物已成为人与环境之间关系融洽的纽带和桥梁。

在中国古代,植物的种类及种植方式是表达情感的一种手段,人们把美好愿望寄托于植物上,赋予其一种新的内涵。如在习俗文化中,石榴因为多子,被视为多子多福的象征;君子兰叶形似剑,排列整齐,象征着坚强刚毅的品格,花容丰满,色泽鲜艳,代表着富贵美满,被意为有君子之风;牡丹花开时,花团锦簇、雍容华贵的形象寓意繁荣昌盛、兴旺发达之意。牡丹与其他花组合在一起也有着不同的寓意;与月季在一起,有"富贵长春"之意;和海棠在一起,寓意"满堂富贵"。牡丹给人的祥和之感使它成为现在室内空间装饰艺术品之一。一些植物更是高尚品德的象征,是文人士大夫经常借以表达思想品格和意志的载体,如称松、竹、梅为"岁寒三友";称梅、兰、竹、菊为"四君子";赞荷花"出淤泥而不染,濯清涟而不妖"来象征清廉的高尚情操;赞竹"宁可食无肉,不可居无竹。无肉令人瘦,无竹令人俗"来象征高风亮节;赞梅"墙角数枝梅,凌寒独自开"来象征神清傲骨的品质。

在国外,不同的鲜花有不同的花语,如玫瑰象征爱情,百合表示纯洁,橄榄代表和平,常春藤表示"同心相爱,永不分离",等等。一些国家用鲜花作为标志和象征,如中国国花是牡丹,因为它素有"国色天香、花中之王"的美称;美国国花为玫瑰,它被认为是爱情、勇气和献身精神的化身;俄罗斯把向日葵定为国花,因为它代表光明、希望,无私奉献的精神。另外,日本的樱花、意大利的紫罗兰、荷兰的郁金香,等等,它们代表了其国家形象并受到人们的尊重和爱护。在现代生活中,植物作为自然界的一部分,被普遍运用到室内空间中,为空间氛围增添了一份生活情趣。室内植物还经常和水、石、竹藤家具、砖雕等元素相结合,创造出朴实、自然的气氛,满足了人们对生活的向往及追求。

(五)灯饰的室内运用

没有光就没有一切,光创造了五彩缤纷的世界。在室内空间中,人工光不仅起到照明作用,还可以通过光和影塑造周围的环境并为室内增添几分温馨与情趣。因此,灯饰选择与搭配,成为室内陈设设计中重要的设计部分。在运用上,灯具应根据室内设计风格而定,从灯具的造型质感等方面选择符合空间风格和氛围的灯具。如现代风格的灯具造型新潮,注重自然与实用,在功能上也

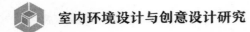

比较人性化;中式风格的灯具尽显一种返璞归真的朴素、高雅气质,在设计上包含了众多中国元素;西式灯具则体现的是一种金碧辉煌、奢华大气之感,虽然造型上比较烦琐,但是它经历了历史的锤炼,能带给人一种浓郁的人文气息。

室内灯具的造型、质感等除具有装饰效果外,其灯光也可营造美感。在不同的光源下,室内装饰物所反映的色彩是不一样的,它能与室内空间形色合为一体。首先,通过对光的色彩、强度、冷暖的对比可以营造不同的室内氛围,表达不同的使用功能;其次,可以突出空间主次关系,丰富空间层次;再次,可以运用连续的光线起到引导路线的作用。灯具的设计不是孤立存在的,而是与时代同步前进的。它不仅满足了人们生理上的需求,也从心理上为人们提供舒适、温馨的视觉环境,满足人们对室内环境多方位的需求。

二、室内陈设创意设计中不同设计因素的应用

(一)室内空间色彩运用

室内空间所营造的是一个物质与精神并存的生活空间,在形态、材质、色彩等室内构成要素中,色彩是室内环境设计的灵魂。在室内空间中,和谐的色彩搭配可以改变室内空间失调的比例关系,可以调节人们的生理需求,可以创造室内亲切、舒适的氛围。色彩是最富有表情作用的艺术语言。色彩的情感表现对人们的心理影响虽然是在不知不觉中发生的,但在很大程度上可以左右着人们的情绪,因此,在设计应用色彩时就必须考虑色彩的情感表现。当人进入某个空间最初几秒钟内得到的印象,75%是对色彩的感觉,然后才会去理解形体。因此,室内陈设设计中色彩的应用尤为重要。

色彩的设计还应考虑人的生理及心理的需求变化,例如,红色的房间会使血压升高、使人烦躁不安;高明度黄色会使人产生视觉疲劳,在炎热的夏天,冷色系颜色使人得到清凉之感。

当然,人们因受到地域、种族、历史、文化等因素的限制,对色彩的理解也会有所差异。但总的来说,都应该在注重色彩美学的基础上运用色彩生理学、心理学等相关学科,正确、科学地选择色彩,进而为人们提供一个健康、舒适的室内色彩环境。

(二)室内陈设创意设计中图案及材质的应用

在室内装饰中,人们在满足物质需求及实用需求的同时对室内空间的文化

内涵和艺术品位有更高层次的追求,人们追求的形式美和意境美可以通过丰富多样的图案样式来表达。装饰图案可以通过寓意、比拟、象征等手法寄情于物来表达人们的某种思想及美好愿望。在中国传统住宅中的房梁、门窗、墙壁上均饰以吉祥图案。如五只蝙蝠围绕寿字或桃谐意出人们多福多寿的愿望;一龟一鹤视为长寿;龙凤图案象征吉祥、祥瑞、喜庆之意。然而在室内装饰色彩方面,不同的基调或风格有不同的色彩体现。室内装饰图案同样如此:浪漫自然的田园风格,以温柔清新的小碎花图案及淡雅的绿色相搭配,仿佛使人置身于大自然中,令人感到舒心与宁静;欧式风格的图案或草卷花舒、纤巧柔媚,或富丽典雅、曲线优美,让人享尽生活的奢华。图案和色彩的搭配使人在心理上产生丰富的联想,也会在生理上产生冷暖、平静、压抑的反应。室内装饰中图案具有程序性、趣味性和象征性等特点,它不是孤立、局部存在的,而是系列和整体的,以求在室内陈设设计中与各个元素达到和谐统一。

材质的质感和肌理对室内的格调起着很大的作用。水泥墙面与抽象的艺术挂画的配合可以塑造极具个性的艺术空间;粗犷朴实的木材质创造出舒适、自然的乡村风格。在室内空间中,由质感和肌理相似或相近的材料组合在一起形成的环境容易使人形成统一完整与安静的印象,因此,在大面积使用时,为避免单调,可用其他元素进行调整。利用材质的质感和肌理差异对比营造出不同的室内性格,或明朗、轻快,或清新、安静。要想恰当运用室内空间材质之间的协调与对比关系,需要长期的体验和领悟。

三、陈设设计中的民族化与地域性

中国是一个多民族的国家,历史、地域、宗教、文化、经济、习俗、环境等因素的差异形成了各民族在建筑形态、室内装饰风格和陈设布置上的多样性,因而造就了异彩纷呈、各领风光的民族陈设艺术特色。如蒙古族特有的居住形式——蒙古包,包内中间设灶炉,周围摆设家具,家具的尺寸都比较小,易于搬运,饰面绘有民族特色的花纹,地面铺设地毯、毡等;藏族是一个信奉佛教的民族,室内有供佛设施,室内装饰华丽,天花板上挂有华盖,墙上绘有唐卡彩画,梁柱和门窗雕镂精致;傣族的室内堂屋铺设大块竹席,用于日常起居饮食,室内装饰品多用竹篾编制而成,造型古朴,内部施以红色,外漆金色,并印压出孔雀等图案,显得既美观又精致。其中蜡染艺术、剪纸和木雕彩绘艺术经过悠久的发展过程形成了傣族独特的艺术风格。各个民族在其发展过程中形成了极具特色的室内装饰风格,但是这种民族化风格在被继承和发展时应注重以传统文化为依托。取其"形",延其"意",传其"神",把传统文化艺术的形式美、寓意美和精神美逐步融入现代室内设计之中,而不是对原有元素的照搬照抄,应全面和系统地理解各民族装饰元素设计内涵,并进行整理分析和意象简化,将其运用到室内陈设设计中。

从古至今,各个国家在其漫长的发展过程中形成了不同的地域文化,由于其精神、气质、审美、思想等的不同,采用的室内陈设设计亦是不同,故而形成了不同的风格。中式风格的室内装饰讲究意境,以物烘托出"心境",构思巧妙。室内多采用对称布局,以天然材质木装饰为主,整体室内氛围格调高雅,色彩鲜明和谐,运用传统经典符号组合,体现出"雅"的中国气质和风度。比如,墙面多用书法作品、中国画或挂屏等装饰,博古架上放置精致的青花瓷瓶或漆器,地面铺设手工编织地毯,室内织物多采用色彩浓重的丝绸、缎面,再以兰花、水仙等植物做点缀,共同构成了一种修身养性的生活境界。欧洲古典风格的代表有巴洛克风格、洛可可风格和欧洲文艺复兴后的新古典主义风格,这一时期的装饰比较注重人的独立价值与审美倾向,体现的是一种高雅奢华的风格样式。地中海风格体现出自然的感觉,色彩上多以蓝、白、黄等搭配,室内装饰线条简单柔和,取材天然,如利用木材、马赛克等元素装饰,整体设计不矫揉造作,表现出地中海沿岸国家独特气质。其他的装饰风格还有日式风格、东南亚风格、埃及风格、现代中式等。如著名设计师梁志天先生设计的黄山雨润涵月楼酒店,其以现代中式设计为主题。别墅内的实木花格移门、鸟笼装置及仿古大床等设计元素,配合质朴的石材及木材墙身、地板及地毯,淡淡地流露出中国传统艺术的意韵。

第六章 老年人的住区场地规划与设计

不同年龄的人群、不同的使用者对场地的要求是不同的。儿童或年轻人往往爱好体育运动等场地,老年人则喜欢保健锻炼、散步、休息、聚会聊天等,本章节重点研究基于老年人的住区场地规划与设计。

第一节 场地规划设计概述

"即使对建筑物的室内设计细节考虑得再多,也补偿不了在最初的场地选择中产生的失误。"对场地进行仔细的选择和规划对新的开发项目非常重要,特别是对于那些为满足老年人或残疾人生理或心理方面需求而做的开发项目。当规划一个与一定场地相关的工程或建筑时,我们首先考虑场地需要提供的、将被组织在一起的各种功能。理论上对每一块场地,都有一种理想的用途;反过来对每一种用途,都应有一块理想的场地。场地的概念应包括以上所有含义,场地应包括满足场地功能展开所需要的一切设施。具体来说应包括:首先,场地的自然环境——水、土地、气候、植物、地形地貌等;其次,场地的人工环境——已有的空间环境,包括周围的街道、人行通道、要保留的周围建筑、要拆除的建筑、地下建筑、能源供给、市政设施导向和容量、合适的区划、建筑规则和管理、红线退让、行为限制等;最后,场地的社会环境——历史环境、文化环境、社区环境及小社会构成等。

一、场地设计的影响因素

场地设计为住区外环境设计提供了一个大的平台与基准,它受到许多方面的影响,主要有以下几方面。

（一）气候条件

气候最显著的特征是年度、季节和日间温度变化。这些特征随纬度、经度、海拔、日照强度、植被条件以及海湾气流、水体、积冰和沙漠等影响因素的变化而变化，直接影响人们的生理健康和精神状态。

（二）地形地貌

不同的地形条件对场地的功能布局、道路的走向和线型、各种工程的建设，以及建筑的组合布置与形态等都有一定的影响。

（三）自然资源

现状自然资源直接为场地环境设计提供条件。科学的规划和合理的开发能够创造比原有景观更出众的设计形式和人工景观。

（四）社会环境

城市和历史景观中有许多弥可珍贵的文化标志，这些特定场所环境下的社会文化、建筑或特色城市环境格局，影响着新的环境规划建设。

二、场地选址的原则

开发项目场地选址是创造良好的居住环境的前提条件。在进行场地的选址时应该遵循以下原则。

（一）尊重上层规划原则

住区的正确选址必须在城市总体规划和分区规划的指导下合理进行，充分考虑城市文脉的延续与继承，居民居住意愿与行为方式，并兼顾投资环境效果和开发建设的便利。

（二）满足经济政策原则

针对老年社会的特点，结合政策确定社会定位，综合分析开发项目的规划和建设对所选场地的和整个城市发展的影响，以期获得良好的市场回报。

（三）融合自然生态原则

良好的自然环境可以为老年人提供丰富的室外景观。选择优美、自然的可以利用的地区，在开发建设过程中保留原有地形、地貌、植被和水面，使住区的建设与城市和地域有广泛的联系。

（四）环境卫生安全原则

环境卫生安全是老年人室外活动的基本保证。保护住区的居住生活质量，避免污染、远离噪声、避免交通干线的干扰和穿越,对已有的不利因素,在规划设计中应予以有效的处置。

(五)良好的通达性原则

对于老年人来说,方便地解决其生活问题是非常重要的.住区周边应有完善的商业、娱乐、文化、教育及医疗卫生等公共服务配套设施的支撑,为老年人创造在宅养老的条件。

三、场地设计的原则

场地是一切建设活动的基础,场地设计应贯彻执行"适用、经济、在可能条件下注意美观"的原则,正确处理各种关系,力求发挥投资的最大经济效益。

(一)符合当地城市规划的要求

场地的总体布局,如出入口位置、交通线路的走向、建筑物的体型、层数、朝向、布局、空间组合、绿化布置等,以及有关建筑间距、用地和环境控制指标,均应满足城市规划的要求,并与周围环境协调统一。

(二)满足居民生活的使用功能

场地布局应按各建筑物、构筑物及设施相互之间的功能关系、性质特点进行布置,做到功能分区合理、建筑布置紧凑、交通流线清晰,并避免各部分之间的相互干扰,满足使用功能要求,符合老年人的行为规律。为老年人享受充足的阳光、新鲜的空气、舒适的生活环境创造条件。

(三)满足自然环境的可持续发展

日本相马一郎、佐吉顺彦曾指出:"人们破坏或利用自然环境的方式扩大其居住范围,其主要原因在于科学技术的发展。但究其根源,似乎还是为了生活的舒适和愉快而不断追求行为上的方便。"人类为了自己的生存,如果肆无忌惮地改造、破坏自然环境,将会受到惩罚。场地设计必须结合当地自然条件和建设条件因地制宜地进行,满足自然环境的可持续发展,为老年人提供优美的居住室外环境。

(四)满足交通安全、卫生等技术规范和规定的要求

场地布局中应合理组织人流、车流,减少其相互干扰与交通折返。其内部交通组织应与周围道路交通状况相适应。建、构筑物之间的间距,应按日照、通风、防火、防震、防噪等要求及节约用地的原则综合考虑。建筑物的朝向应合理选择,如寒冷地区避免西北风和风沙的侵袭,炎热地区避免太阳西晒并利用自然通风。散发烟尘、有害气体的建、构筑物,应位于场地下风方向,并采取措施,避免污染环境。满足老年人生活的基本要求,建立完善的配套设施和服务体系。

(五)满足整体性与多样性原则

场地设计不仅对某个开发项目的内部环境空间塑造起着重要的作用,对整个城市的面貌也起着很重要的影响。因此,要把场地设计放到整个城市的层面去考虑组织,要从营造丰富的环境的角度去考虑老年人需求的多样性,满足老年人群体对场地空间的不同要求。

四、场地用地组成

根据场地内部地块使用方式和功能的不同,将用地分为以下几种类型。

(一)建筑用地

场地内专门用于建筑布置的用地,包括建筑基底占地和建筑四周一定距离内的用地。

(二)交通集散用地

场地内用于人、货物及相应交通工具通行和出入的用地,是场地内道路用地、集散用地和停车场的总称。

(三)室外活动场地

场地内专门用于安排人们进行室外体育运动和休闲活动的用地,包括运动场和休息用地。

(四)绿化用地

场地内用于布置绿化、水面、环境小品等环境美化设施的用地,一般以绿地为主,也包括植物园地、绿化隔离带等生产防护绿地。

(五)预留发展用地

为了兼顾近期建设的经济性和远期发展的合理性,许多建设项目需要分期建设实施,这就要求在场地布局时,预留出必要的发展用地。

(六)其他用地

除上述用地外,场地内还可能涉及市政设施等构筑物用地和其他可利用土地,一般所占比例较小,在场地功能组织中居于次要和从属地位。

在场地功能组织时应注意区别功能需求的减少和用地叠合的差异,避免功能组织的不完善。

第二节 场地的评价与建设

一、场地的评价与分析

在任何项目中,如何把设计对象和场地中有利或不利因素结合考虑以满足特殊顾客需要,如何利用场地现有的优势条件和寻找克服场地约束条件的办法是一个非常困难的过程。在住区室外环境的规划与设计中,对残疾人或老年人使用者所在的场地需要的考虑比平常对身体和心理方面因素的考虑要多。

制约场地设计的条件包括自然条件、建设条件和公共限制等内容,它们对场地的功能布局形成多方面的影响。其中有来自场地周围环境的影响,也有来自场地内部条件的影响;有对场地平面布局的限制,也有对场地立体空间的限制;有对场地交通组织的制约,也有对场地内建筑群布置的约束等。各种场地条件对场地功能布局的影响程度不同,设计中应通过深入研究来分清主次并分别处理。

(一)场地的历史背景

调查场地的历史背景有助于发现场地的特征,这些特征可在开发时加以利用。另外,场地历史也可能有一些不利因素,尤其是改造的项目,如果处理不好,会使得开发项目一直受影响。例如,比较敏感的一些工业、医院、垃圾场等用地,那些以往的记忆还保留在人们的脑海中,建设时应该考虑情感因素和土壤受污染及毒害的可能性。

(二)现状的地形地貌

不同的地形地貌对场地内的用地布局、建筑物的平面布置及空间组合、道路的走向和线型、各项工程建设、绿化布置等都有一定的影响。如果场地不平,就要考虑对将要住在那里的人们的一些影响。通常坐落于坡度较大地形上的场地基本不适于身体虚弱或老年人居住。有些场地不得不选址于地形陡峭的地方,就要根据情况考虑适当改造地形。有时候这些改造可以创造积极的景观空间和景观特征。例如,有些挡土墙可用于抵消道路坡度带来的一部分负面影响,也可能成为空间的围栏,有时还可以充当座椅。

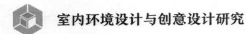

（三）水文地质的条件

场地工程地质的好坏将直接影响房屋安全、工程建设的投资和速度。场地选址一般应该避开有矿藏、崩塌、滑坡、冲沟、断层、岩溶等不良地质条件的地段。水文条件主要指地表水体，如江、河、湖泊、水库等对建筑场地及工程建设的影响。水文的条件往往决定场地的排水条件及场地的防洪。进行场地设计就必须考虑场地排水的方向及坡度、排入水体、排入点的位置、高程，以及允许排入的水量、水质要求等，事先对场地的排水方案进行研究并选择。同时，还应考虑场地周围地形变化引起的排水问题等。场地的防洪方面应根据所在地区及建筑对防洪的要求标准，提出应采取的措施。

（四）场地的气候影响

当地气候对老年人使用者来说是最重要的场地因素之一。气候会对老年人的日常生活方式和室外活动产生很大的影响，无论场地内外，设计时都应当注意那些对气候产生有益或有害的影响的特征，并加以合理运用。场地气候会明显影响可种植植物种类，例如，经不起霜冻的植物难以度过北部寒冷的冬季。改进场地小气候可以增加可用植物的范围。另外，值得注意的是建筑物会对场地小气候产生深远的影响，设计合理的建筑可以为老年人提供掩蔽物，提供阳光充足的地带以及避免产生风道等。

（五）现存植被的情况

延续历史的景观能让老人们从中体味到沉静、达观的哲学意味。在设计时要对场地内现存的植被进行评估以确定是否具有保留价值。我们可以预测这些树将会投下多大的阴影、落叶情况、是否适合种植于建筑及服务设施附近以及它们的可能寿命等因素，然后在设计时加以利用。在建设中一些保留树木的根、干、枝将不可避免地受到一定程度的破坏，所以当建设完成之后应进行随后的树木调查和修复。

（六）土壤的构成含量

有些情况下，需要对场地进行土壤类型调查以测定不同建设方法的适宜程度，这些信息将对绿地开发有很好的利用价值。通过测定土壤的类型和酸碱度，能够确定场地中适宜种植的植物，是否有必要在种植之前或是种植的时候对场地进行诸如排水或施肥处理。另外，在开发的场地，尤其是城市地区，需要对以前的土地利用进行调查以测定土壤是否曾经被污染和破坏，在通常情况下应采取相应的补救措施。

(七)保留的永久特征

许多景观特征极难被移动或是移动它们将花费很大的精力,设计时可将其加以利用。如河道、池塘和季节性沼泽地,从视觉上讲它们都有很重要的景观作用,是有价值的附加物,同时,这些景观特征也为野生动物提供了栖息的家园,鸟类等动物还有可能从这些河边地带或是池塘周围出来到易于人们接近的开发地上觅食或者活动。这将非常有利于老年人的室外活动,增加室外空间的生活质量。

(八)场地内外的污染

由于老年人长期生活在住区里,对住区及周边的环境非常敏感。因此,不论是场地内还是场地外的元素,只要会产生污染影响,就应该加以关注。场地外环境污染可能来自汽车或者工厂排烟、垃圾场、落叶和噪音。通常把污染源藏入视线所不能及的地方就可以在不改变物理环境材质的情况下减少可被察觉影响。所以,设计可以利用树篱、栅栏、树木和灌木丛来减少这些污染物带来不利的影响,这些阻挡物可以提供遮蔽、使烟雾转向的作用,并且吸收一部分的烟尘和噪声。

(九)市镇服务配套设施

地上和地下的服务设施,如给水排水管线、电力电信管线的铺设都会影响场地的规划与设计。悬在头顶的基础设施处理不好会破坏良好的视线,限制高大树木的生长。地下服务设施的铺设会影响到种植方案,给室外环境建设带来威胁,并可能由于接近植物而威胁自身。因此,在建设和增加服务设施时要考虑把随之而来的不利影响减少到最小。

二、场地的建设与改进

根据不同开发项目的建设规模、档次、设计要求,针对场地进行因地制宜的场地建设。特别是为老年人或者残疾人开发建设的项目,应结合这类特殊人群的需求进行场地的规划建设。

在进行场地建设的过程中,首先,应该清楚地认识项目设计的使用对象,并针对不同的使用对象,在场地的组成内容、功能布局、交通组织等方面呈现相应的特点。居住区的使用对象则主要是居民,在不同类型的建设项目中,所面临的问题和要求也不同,例如,居住区需要为居民提供住宅,还要有良好的公共配套设施和居住环境；其次，根据开发项目的建议书和基础资料（场地的分析），提出场地规划方案，指导下一步的场地建设；最后，根据开发项目的设计目的和场地分析，进行场地建设。主要包括土地使用规划、空间规划、环境规划、交通组织等，为下一步的场地设计提供参考依据。

土地使用规划来自分析阶段，从活动类型、联系和密度角度进行土地使用规划来展示一个规划的总体功能布局。空间规划依据土地使用规划对场地中不同的地块进行三维空间的控制规划，既要满足城市空间形态的整体协调，也要考虑原有场地的条件，分析有利方面和不利的因素，发挥场地内部有利条件，克服改善不利因素，创造出丰富变化的空间环境。环境规划要考虑周围环境对场地的影响，也要考虑场地内部条件的影响，充分利用现状中良好的资源环境，例如，水系、树木、山坡等自然资源应尽量保护，结合场地规划进行梳理，形成绿化环境体系。交通规划要尽量与原有交通运输条件相适应，了解原有道路是否可利用，建筑物、绿地、高压线及原有沟渠、与外部交通联系是否方便。

第三节 场地规划与设计的注意问题

基于老年人的场地规划与设计，除了满足以上住区场地规划与设计的基本原则和要求外，还应该注意以下问题。

一、提供多样化的室外空间

要为老年人提供多样化的室外空间。这些形式包括：室外坐息、散步、欣赏美丽的植物；从室内向外观看的室外空间；私人空间、私人领域、私密性等心理上的回报；园艺、体育活动；与野生动物相关的乐趣等。丰富的空间使得老人更加积极地参加室外活动。

室外环境对于老年人是非常重要的。如果没有做好充分的设计，老年人进行室外活动是一件非常困难的事，尤其是可达性非常差而且道路有陡坡的时候。室外活动空间，如社会交往空间和作息空间常常因不细致的或者没有吸引力的空间设计而减少甚至被完全抑制了。

当然，室外也会有一些功能性的而通常又不那么悦目的空间，如晾晒衣物的场地、垃圾桶、停车位等。在无遮挡的景观中，这些项目使整体景观显得刺目、杂乱无章。因此，把它们成功地融入景观需要利用精心设计的种植框架或者遮蔽物以保证它们尽量不显眼。

二、重视被动利用环境设计

被动利用环境设计是一个通常被忽略的问题。近些年,环境心理学家的研究有助于把焦点更多地关注室外环境设计给人带来的宁静愉悦的重要性。"被动"这个词由于存在一种缺少人参与的暗示,所以会产生了一些误导,实际上"被动"的环境设计对身体虚弱的群体具有重要的意义。健康程度、有限的精力和气候的变化对老人在什么季节使用室外环境的影响大于对年轻人的影响。许多身体状况不佳的老人只会在夏季最宜人的几天里出去活动一下,一年中主动出去活动的时间总是显得很短。而被动的享用,包括从室内和半室外地方观看外面的景物,可以持续一整年,因此,把室外环境设计成能够在不同季节带来不同乐趣的空间对于老年人非常重要。

最常见的被动利用是从室内观望花园里的景物。当观望者在"利用"室外时,他只付出最小限度的努力。通常,在对室外环境进行规划设计时,人们常常考虑的是环境以主动的方式被利用,而被动的利用方式总是被忽略。我们常常发现居民们根本不用这些花园,但是实际上他们经常坐在花园的外面静静地欣赏观看。

设计必须为老年人所有的喜好提供足够的选择,满足老年人不同的使用空间和场地的要求。室外环境以及其中的植被和构筑物能够通过各种各样的方式被利用起来,其中大部分是被动使用,如在合适的场地考虑设置遮蔽、围栏、阴影和舒适的座椅。

三、完善适合老年人的活动设施

完善适合老年人的活动设施可以促使老年人的社会活动融入当地社区。许多体育活动是与年轻人和身体健康的人联系在一起的,但同时有些体育活动在退休老年人中也很流行,如果地方够大能够容纳一个门球场地,这个场地将成为重要的资源。年龄稍低一点的退休老人最有可能参与体育活动,身体越弱的人参与其中越少,他们主要参与不那么复杂的活动,如户外棋类等。设计时可考虑在邻近住房的地方、公共花园或是邻近静坐区的地方设置相应的设施。

四、建设多功能的室外活动场地

建设多功能的室外活动场地有助于高效全方位地开展各种活动。很多社区会组织老年人开展各种室外社会活动,这些活动包括从小规模的聚会到大规模的文体活动。其中有些活动需要较小的活动场地,有些活动需要一大片干净平整的地方作为活动场地。因此,设计时要考虑场地的多功能复合运用,提高其利用率,如同样的场地既可以集会,也可以开展体育活动。

五、注重多视点视线的景观环境

多视点视线的景观环境能为老年人提供多角度的欣赏空间。目前,老年人越来越依赖其周围的生活环境以得到一些刺激和乐趣。对于那些行动不便,几乎完全被限制在室内的人来说,有吸引力的、有刺激作用的室外景色是非常重要的。他们的乐趣来源于那些走来走去的人和周围街景。因此,应该考虑室内外的多视点视线的景观设计,确保建筑室内布局和窗户位置的确定与具有吸引力的户外景观相应。窗台高度要合适,窗框的设计要注意不要影响人们在坐着或站着时与户外的自然视觉联系,同时也不要受到外面的路人视线干扰。

六、构建丰富的景观空间层次

丰富的景观空间层次能满足老年人的不同活动空间要求。场地中不同活动空间到人们住宅之间的距离对它们的使用频率会产生一定的影响。与住宅接近的空间被使用的频率最高,那些远离住宅的活动空间则很少有人去光顾,但是如果我们能提供一些具有私密性和足够吸引力的空间,就可以提高它们的利用价值并且对人们的运动起到激励作用。整体的环境设计需要容纳各种功能特点。靠近建筑的景观和大的活动场地通常需要具有一系列功能性,如服务设施和停车场地,而这些事物又很容易成为景观的主导,因此,在这些场地里可以通过结构种植或地下停车遮挡这些事物。

一个充满生气的能提供座椅和种植活动的户外阳台很受身体脆弱的老年人的欢迎。温度骤变、灯光明暗对比强烈或者散步道表面让人不舒服等都很容易影响他们出去活动的想法。有时候,他们更喜欢户外阳台、温室以及建筑毗邻带,这有助于缓解从室内到室外的转换过渡空间,并且这些空间自身也有一些有趣的活动设施。如果在这些地带铺设一些材料,能够有助于各空间之间的联系。另外,还可以在靠近建筑入口的有遮挡的地方设置一些座椅,因为这里是能看到人们进进出出或等候交通的最佳位置。

老年人特别喜爱在他们住宅外拥有一些属于或被认为是他们自己的空间,这有助于界定领地和提供私密性。这些地方应该被看作是室内空间的延续,一个"额外的房间"。它们不必很大,一个遮阴门廊或者门边的小院子都可能成为坐在外面的好地方,坐在此处,人们依然可以听见电话或门铃,也能够方便地到达厕所和厨房。

在有些地方,很多人共用一个相关的小场地,清晰划分私密和公共空间以使人们在使用时感到舒服是很重要的。例如,大多数人会对使用作为别人私有空间的部分而产生本性的抗拒,如座位和公共空间不应设在正对别人的窗户或让使用者和观察者都觉得不舒服的地方。有效的界线划分依靠的是巧妙的景观结构,这种景观结构有利于更多的细节设计,而且有利于开展小范围的内部活动,而不必从景观全局上加以控制,在开放场地上的任何混乱都能迅速变得突出。

边界通常是为提供安全和私密以及为划定公共道路范围而设计的场所,它们对于描述一个公共空间是非常重要的,而且它们通常决定了设计是否很好地将当地的社区空间进行了整合。如果是简单地给公共和私有空间划分界线,可以通过种植宽大密集的中低植物来达到目的,而环境内部的分割则需要创造出一种内在的比例。

所有的设计中都应该有大量的座位,其中的一些座位需要利用有吸引力或者有趣的景观,而其他的座位则应该设在隐蔽的地方。这些设置在隐蔽处的座位可能偶尔才被人们使用,但是它们给人们提供了独处或者与家人朋友单独相处的机会。

第四节 老年人场地规划与设计

一、总体规划与设计

居住环境作为提供日常所需和自我实现的地方,其重要性与日俱增。提供一个"家"而不是一个"机构",是最重要的目标。在场地的总体规划与设计中应该考虑以下几个方面,以适应老年人的不同要求。

(一)合理利用周边的条件

在场地的总体规划与设计中,周围邻近地区的条件可能会对场地发展方案及模式有很大的影响,特别是各个方面发展较成熟的地区更容易受周围环境的影响。服务及设施的可达性对于创造使人方便满意的日常生活非常重要,尤其对那些自理能力稍差的老年人和服务及设施不到位的社区更加重要。设计时要着重考虑合理有效地利用邻近地区服务设施,特别是方便程度及可达性的考虑。这些服务及设施包括商店、邻近的活动中心、人群吸引点(如公园)、公交线路及站点等。

十分重要的一点是好的环境能让人们在里面感到舒适和安全。统计表明,老人察觉到的犯罪威胁比实际存在的威胁更大。尽管如此,许多老人最关心的还是个人安全问题。考虑到安全性,要对场地边界和建筑向外的视线加以注意,整体场地良好的可视性被认为是提高安全性的办法之一。

另外,在总体布局时必须注意使老年人们可以尽量多地从场地里能看见场地外的活动。人们若看到场地外的活动也经常会去参加,因而增加了对设施的利用。如果场地周围有安全问题、不良视觉影响或过度噪声,可以在两者之间建立一个缓冲带以防止和缓解不利因素带来的影响。要注意在场地活动地带之间建立视觉上的联系,以增强老年人在室外的安全感,这能使没有参与活动的人感同身受,并增加临时性社会互动的可能性。

(二)确定合理的总体设计目标

确定合理的总体场地设计目标十分重要。因为人们都是通过观察场地产生第一印象,合理的设计目标能给老年人以安全感和归属感。目前围绕在老年人周围的一般性环境设计不能给他们带来任何愉悦和兴趣,平整的草坪、标准的树阵不仅没有魅力,而且让老人们觉得这里是公共的景观,并不是他们自己可以利用和参与的花园。老人们普遍比较喜欢有家庭氛围的或是比较亲密的空间品质,他们喜欢他们所熟知的事物,如讨人喜欢的植物等。创造宜人的尺度并限定不同用途的空间就是创造家的氛围的基础,设计的目标是在室外创造有归属感的亲切的空间。

(三)根据场地条件合理确定开发模式

1.场地的开发类型。对于老年人来说,不同的场地条件需要选择不同的开发类型。大块用地的低层住宅的特性是住宅单元和室内活动空间经常被分别置于不同的建筑内,开发密度也相对较低。因此,室外空间也能在连接公共设施的同时本身也成为活动空间。中等高度或高层住宅的特性是倾向于室内活动,由于开发密度相对较高,为了提高开发强度,建筑内部都设有室内共享空间和居住单元,因而降低了室外空间利用的可能性。这种情况下就应该加强室内外空间和活动的联系性,通过相应的设计手法在尺度大的建筑中形成人性的尺度。既有为了老年人娱乐和休闲而精心设计的室内活动空间,也有提供给老年人们享受自然的室外空间,创造了从高密度居住空间建筑中解脱出来的空间。

2.场地的开发模式设计。

1)确定易于识别的场地总体模式:根据亚历山大在《建筑模式语言》的原理,为使寻找路径更加方便,场地规划应建立一种让居民和来访者都易识别的总体模式,如放射状设计一般都具有很强的特征,能增加方位感和识别性,轴线设计也能通过简单的识别标志提高方位感。这对于较大规模的住区来说很重要。因为在这样的住区,那些识别能力较差的居民可能会因为缺少参考标识系统而迷失方向。一个强烈的中心(经常是主要院落或社区共建)总能使人们更方便地找到方向,也能形成一定的场所感。

2)提供不同空间层次的开发模式:从公共到私密空间层次的场地开发模式可以提升场所感和对共享空间以及组团和单元的所有感,这些层次与大的总体空间模式可成为一个整体。

3)创造和提供已限定的活动地带:住区内各种不同层次的活动场所和接点能增加人们的邻里感和归属感,这样有助于人们对地块总体布局和焦点活动的理解,这些地带包括小区活动中心、组团活动空间和住宅单元活动空间等。

一般来说,与蔓延式相比,紧凑的或中心化的场地规划模式更加可取。这些经过深思熟虑的紧凑式场地规划模式应该能够使场地设施和所有的住宅单元之间联系更加方便直接。

(四)建立方便安全的循环交通系统

建立方便安全的循环交通系统,设计应该为老人提供从各住宅单元到停车场、社区中心,和其他主要服务设施最直接和方便的到达方式。这一点在气候恶劣的环境中非常重要,因为在风霜雪雨、严寒酷暑中长时间步行会给大多数老人带来危险。步行、车行和自行车环状系统的布局要建立一种易于识别的模式,就像场地规划的总体布局一样。步行系统的总体布局应该开发成为支线系统或是收集系统来达到这个目的。例如,从各单元引出的步行路可以集中到一起,集中到一起的步行路再集中形成主要路径。这种用路径使人们集中到一起的安排增加了人们碰面的机会,也为整个场地规划中所建立的从公共到私人空间的分级提供了支持。

要考虑到运动的自然流动性,场地内和场地外的设施的设计要简单直接的路径。通向居住单元的路不能从活动地带直接穿过,通向活动地带的路也不能穿过半私密的居住区。在布置通向娱乐设施的路径时要考虑到提供一种景观上的"目标"来鼓励人们行走。对老人来说,交叉的步行、车行和自行车系统会引起安全问题,他们的视力差,反应又慢。因此,控制路径及步行道对安全及保卫很重要,应该可以从主路上看到活动场地情况,这种设计考虑到了监视、安全和保卫。

二、主要出入场地的规划与设计

以下列出了场地规划中与老年人密切相关的出入场地的规划与设计,他们都是影响老年人生活的重要因素,出入口区域是场地中最活跃、使用最多的外部空间。在设计这些场地的时候要考虑到各种相关因素的影响。

(一)场地的出入口

场地的出入口对老年人、居民、访问者和社区都非常重要。在场地规划时要考虑场地出入口的安全性、易识别性和易到达性。场地的开发类型和开发规模在很大程度上决定了场地出入口的数量和类型。场地的其他因素,如安全性、空间大小、周围街道和环境的特点和娱乐服务设施的位置也会影响到场地出入口的设计。

对于规模较大的场地,场地的出入口应该提供标识,这样可以帮助老年人、居民和访问者能够快速地确认场地、找到出入口标识。为了容易进入场地或者因为场地比较大,通常需要多个出入口。如果提供了多个出入口,每一个出入口应该容易识别和区分。在有些情况下,场地的出入口也可能是比较陡的区域,特别是在一个只有一栋建筑物的、很珍贵的、空间比较小的城市场地。

出入口的类型和大小应当与周围的区域协调一致,出入口应当容易识别,但也不能过于强调。要合理选择出入口的位置,通常主干道上的出入口容易识别和进入,在次干道上的出入口更加安全,但是不容易识别和进入。为了保证安全,场地的出入口应该与道路交叉口保持一定的距离,并提供足够的视觉距离。

场地出入口的设计还要考虑行人和自行车的进入,对行人、自行车和摩托车进行一定的分隔可以保证安全。应当在人行道上清晰地标识行人和自行车的交汇处。由于老年人对周围事物的察觉较弱、反应较慢,十字路口的信号灯应该为速度较慢的行人提供足够的时间。在交通繁忙的区域,良好的可视性对行人安全是非常重要的。

(二)建筑及门庭的出入口

建筑物单元的门庭和其他主要的结构,例如,社区中心,对于社区的整体形象和建筑物的入口很重要。它们同时也是功能区域,应该由两个功能区域组成:一为进入和离开建筑物的入口道路;二为门外的座位和等候区域。通常在小的室内的场地,这些功能区域和场地入口区域结合起来。在社区和单元建筑物的主入口处经常有比较多的活动,使得其成为一个休息和察看的区域或者成为一个短暂的行走和跑步的区域。这个区域必须为行人、装卸货物、候车区域提供足够的空间。门庭应该位于能够最大程度抵御天气影响的位置,例如,抵御冷风、高温和强光。在天气冷的时候,如在春、秋和冬季位于阳光的照射之下,加速冰雪的融化可以很大程度上提高安全性。

增加休息和等候区,增加进入门庭、街道和下车区域的风光,以及大厅对于进出车辆和行人的识别性都很重要。缺少这些区域的交互性将会降低门庭区域的使用性。建筑物入口两边的休息和等候区域,为安全和方便进出建筑物提供了足够的空间。在入口和休息等候区设置仔细设计的分隔,可使进出建筑物的人减少被无礼监督感觉的同时,得到舒适的谈话场所,但同时应该为人口道路提供景观。

建筑物的入口应该很容易被发现。场地入口处的防雨棚或者顶盖可以在恶劣天气时提供保护,从安全和舒适的角度来说是必备的,顶盖下还可提供舒适的座位。例如,可在休息和等候区域提供一个前檐,其形成的小型封闭空间可以对恶劣天气和外部的视线进行阻挡,这些区域和室内活动联系起来(如大厅和长廊),并且有良好的景观,可以提高空间的社交性、舒适性和安全感。

门庭应该和场地的道路处在同一水平线上。在下车区域应该提供停车栏(以控制汽车的交通)。在这个区域应该避免有台阶、路沿和路沿斜坡,场地入口道路边上的支柱和其他的垂直建筑物可以作为扶柱来为那些脚步不稳的人提供帮助。例如,一个安全而醒目的街灯柱可以提供休息的机会。

为了安全和流通,照明是必需的,它应该照亮人行道的边缘,使得该区域不会有比较晃眼和较大阴影的感觉。对于建筑物入口来说,防滑和防反光是道路要优先考虑的。人行道的花纹和颜色可以增强可视性。

参考文献

[1]陈长生.室内设计［M］.广州:岭南美术出版社,2005.

[2]李砚祖.环境艺术设计的新视界［M］.北京:中国人民大学出版社,2002.

[3]庞杏丽.住宅小区景观设计教程［M］.重庆:西南师范大学出版社,2006.

[4]邬沧萍,姜向群.老年学概论［M］.北京:中国人民大学出版社,2006.

[5]尹定邦.设计学概论［M］.长沙:湖南科学技术出版社,2009.

[6]余源鹏.养老地产产品规划设计宝典 整体规划、建筑设计、环境景观与
    配套服务设计细节全解密［M］.北京:机械工业出版社,2017.

[7]张青萍.室内环境设计［M］.北京:中国林业出版社,2003.

[8]郑成标.室内设计专业实践手册［M］.北京:中国计划出版社,2005.

[9]郑曙畅.室内设计思维与方法［M］.长沙:湖南科学技术出版社,2003.

[10]周浩明.可持续室内环境设计理论［M］.北京:中国建筑工业出版社,
    2011.

[11]周明,王展.老龄化创新设计研究［M］.江苏:凤凰美术出版社,2017.

[12]左明刚.室内环境艺术创意设计［M］.长春:吉林大学出版社,2017.